你只是看起来很任性

水木淼森 编著

中国華僑出版社

图书在版编目（CIP）数据

你只是看起来很任性 / 水木淼森编著. —北京：中国华侨出版社，2016.3

ISBN 978-7-5113-5990-2

Ⅰ.①你…　Ⅱ.①水…　Ⅲ.①成功心理—青年读物　Ⅳ.①B848.4-49

中国版本图书馆 CIP 数据核字（2016）第 040792 号

你只是看起来很任性

编　　著/水木淼森
策划编辑/邓学之
责任编辑/文　喆
责任校对/孙　丽
封面设计/一个人·设计
经　　销/新华书店
开　　本/880 毫米 ×1230 毫米　1/32　**印张**/9.25　**字数**/190 千字
印　　刷/北京中印联印务有限公司
版　　次/2016 年 6 月第 1 版　2016 年 6 月第 1 次印刷
书　　号/ISBN 978-7-5113-5990-2
定　　价/32.00 元

中国华侨出版社　北京市朝阳区静安里 26 号通成达大厦 3 层　邮编：100028
法律顾问：陈鹰律师事务所
编辑部：（010）64443056　64443979
发行部：（010）64443051　传真：（010）64439708
网　址：www.oveaschin.com
E-mail：oveaschin@sina.com

推荐序

任性是成长必需的养分

《将来的你，一定会感谢现在拼命的自己》作者汤木

几个月前，水木淼森曾经跟我说，他今年遇到了一件感慨颇深的事，想以此为切入点，写一本书，跟广大读者朋友分享其心得。我内心充满了期待，一直好奇他颇深的感慨能给我什么启发。

读书能积累知识，交流能启发智慧。水木淼森事先给我透露那件事，我心里一直惦记着；如今作为他书稿的第一个读者，我心里意外地感动了——我原先只认为任性是我们生活的调剂品，读了他的书稿后，却发现任性还是我们追求成功道路上的重要推动力。

水木淼森说得很对！时代在不停发展，社会在不停前进，后来者在先辈们眼里多少是任性的。“70后”认为“80后”任性，“80后”认为“90后”任性，将来“90后”也会认

为“00后”任性的。而事实上，同样是走向社会的年轻人，所处时代不一样，世界观也不一样，但其本质都是一样的——追求自己理想的人生，为自己期待的生活而努力。因此，无论是“70后”看“80后”的任性，还是“80后”看“90后”的任性，还是将来“90后”也会认为“00后”任性的，都是一样——他们看起来很任性。

如今是一个激烈竞争的社会，也是一个随时都可能创造奇迹的社会。很多年轻人都在努力去追求自己的理想，想过自己期待的生活，想在自己的人生道路上去实现自己独特的价值。但是，由于时代不同，他们实现梦想和独特价值的方式和途径跟老一辈人大不一样，因为在老一辈人眼里，他们很任性。作为勇敢追求梦想的年轻人，只是看起来很任性，对此不必过分在意老一辈的看法，要懂得自己任性的表面下掩盖的是自己独特的人生，是自己与众不同价值的源泉所在。

任性也是成长必需的养分。只要在为了梦想奋斗，其表面形式不必苛求。为了自己梦想一直在努力拼搏的年轻人，不要因为被外界看作任性而放弃自己的追求，你也是堂堂正正的奋斗者，你只是看起来很任性。

2015年10月于北京海淀

目录

第一章　你要活出自己的样子，趁年轻“折腾”一把

第二章　你是在为理想奋斗，不必在意别人说三道四

第三章　生命自有精彩，你只需负责努力

第四章　你现在“拼”了，未来才有“比”的资格

第五章 你要说做就做，直奔理想的彼岸

第六章　有个性的人生才是独家的

第七章　任性的人生活得热气腾腾

第一章

你要活出自己的样子，趁年轻“折腾”一把

你就是你，你有你的人生，你有你的价值，你也必须活出你自己的样子。虽然你很年轻，你的一切才开始，但你不必怕，要勇于去面对生活，去追求梦想，趁年轻“折腾”一把，轰轰烈烈地做点能让将来老了津津乐道的事。

1. 你要知道，成为自己是生命最大的动力

当我做回自己时，我才发现自己的一切其实那么美好。我终于懂了成为自己是生命中最大的动力的意义所在——是对自己有所期待，对自己有所要求，对自己可以肆意，让自己可以因为自己而开怀。

近日，湖南卫视有一档真人秀《偶像来了》正在热播，12 名偶像组成了两支队伍在旅程中开启了他们在一天天展示真我焕发本性的旅程。有“东方女神”之称的林青霞在节目中说：“在我退出银屏 20 年后，我发现其实演绎其他各类角色都并不难，但是林青霞最难做。”主持人也这样感慨：“我特别希望在咱们这十二期节目结束后，是偶像走了，真人来了。”

人这一生，或许需要扮演各种各样的角色，在各种人面前隐藏自己的真性情，最终越长大却越发现自己陌生。人这

一生，不过短短数十载，比不过苍天大地长长久久地存在；人这一生，束缚着自己的外物太多太杂，比不过蓝天白云逍遥自在；人这一生，可比对的人和事太多太多，斗不过独傲群芳的梅香香色俱佳。日复一日，年复一年，于是我们将自己不知不觉地活成了别人——看不到半点自我独特的价值何在。

我曾经短暂时间内在一所中学担任过语文教师兼班主任，遇到过一个让我至今难以忘记的学生：她是个唯唯诺诺的女孩，留着长长的头发，遮着大半个脸，尽管她的脸颜值比较高，但有人说她脸上有青春痘不好看，她便购买各种药品治疗青春痘，从各处学各种化妆的技巧将脸上的青春痘遮盖起来；有人说她的声音听起来扎耳朵，像一面破锣敲响后一样让人听起来不舒服，她便尽量闭嘴不说话，苦练沉默是金的功夫，整整一个学年除非老师叫她回答问题，否则谁也听不到她的声音；有人说她太胖，穿校服太丑，她便想方设法减肥，并背着被老师呵斥的风险想方设法地将校服脱下，穿上自己买的似乎很有品位的衣服……

一整学期，我没看到过她的笑脸。她活得很辛苦，一直都在追求着别人的认可，也活得越来越自卑，总觉得她是“倒霉鬼”“上天的弃儿”“肥胖的丑女人”等。看着她整天阴云沉沉的，我找了个没课的下午，约她一人陪我去公园走一走。她很忐忑，但还是小心翼翼地跟我去了。

当时，公园里没有一个熟人，我也有意识地一步一步引导她，鼓励她说话，将内心的不快乐通过说出来甩到一边去。她终于打开话匣，说了很多她这些年来生活的情况。她越说越急，越说越伤心，嘤嘤地哭了起来。

“累吧？每天这样活在别人的世界里，活成了别人的样子，一点自己的主见都没有，累吧？”听了她的诉述，我除了安慰就是安慰。因为一个成年人尚且无法承受心里的累，何况一个未成年人却承受了好几年呢！

“啊，好累的，可是，我又能怎样呢？没有别的办法……”

“你有办法的，你做回你自己就好了，不要在意那么多人的看法，做你自己，做最真的自己，这样的话，你慢慢来，或许不会感到那样累了！”我立即打断了她的话，以十分肯定的语气说。

“是吗？可是我做不到……”

“你做得到的！你只要按照我说的做，就一定做得到！从今天开始，你不要化妆，笑着面对‘美人痘’‘明星嗓子’，大大方方地穿起你的校服，时刻想到我是有独特价值的我，我是独一无二的我……”我听出了她内心的不自信，也听出了她对做最真自我的期待，毫不犹豫地给她指出了一条能开心起来的法子。

“呵呵，老师，你真幽默，还‘美人痘’……”她脸上禁不住露出了笑容。

“对，‘美人痘’，不美的人都没资格长的!”

……

那次，我们在公园里谈了一个多小时，跟她谈的话题和答疑解惑的时间远远超过了很多这个年纪的学生的时间。但是，她的脸上一直挂着久违的笑容，一直在聆听着我那些看起来幽默风趣却又实用的话。

没多久，那个女学生变了，不仅脸上笑容常在，还不时地能听到她音色特别的唱歌声。无疑的是，那个女生是幸运的，错误的人生观被及时纠正过来了，心灵的窗户被及时打开了。但是，生活中的很多人却没那么幸运，一直在有意识无意识地为他人活着。

为什么人会有意识无意识地为他人活着呢？因为，人有时特别奇怪，既想要做自己，又想要在生活过程中让他人满意；既想要让自己能够在自己人生旅途中做到独特，又想要让别人也能够认可自己的所有独特。很多人在行走的过程中渐渐地被他人的言行举止、被他人的言论所束缚，于是渐渐地迷失了方向，以为渐渐地成为一个他人便是自己。

人的一生要是为了他人的目光而隐藏了自己的一切，这难道不是一种悲哀吗？要是不能成为自己，那么父母创造你的意义何在？成为一个他人的自己，你还能叫作自己吗？

有人说："越成长，越开心，越长大，越该成为真正的自己，这便是自己生命的最大动力。"有人说："你不是我，而我要是我自己！"

离开那所中学后，那个女生几经周折找到了我的手机号，给我打来电话，说："老师，谢谢你帮我找回了自己……我现在还在慢慢地改变，可是，与其说是改变倒不如说是做回了自己。当我做回自己时，我才发现自己的一切其实那么美好。我终于懂了成为自己是生命中最大的动力的意义所在——是对自己有所期待，对自己有所要求，对自己可以肆意，让自己可以因为自己而开怀……"这段话超出了她那个年龄阶段，对她来说，不能不说是一种切身体验的成长。

是啊，一个人若将自己能够彰显出自己最本真的样子，并能够活成自己最想活成的样子，或许并不是一件容易的事情，多少人为之奋斗了一生都未能成功攻破这世界的阻碍，用生命成长中最大的动力来活出自己的样子是一件多么值得骄傲自豪的事情啊！

生活中有太多的存在让我们忽视了父母创造我们，并不是让我们活成别人的样子，而是让我们能够在生活过程中一点点地成长为自己，越长大，越像自己才是我们人生中最大的动力，为此，我们或许会付出一生的精力和时间，但谁又能说那不值得呢？每个人的生命都是独一无二的存在，每个人都该有自己生命中最独特的所在，我们必须要做最真实的自己，唯有这样才能不辜负生命赋予我们的独特意义。

2. 趁青春尚在，让自己在某一方面无可替代

没有谁是完美的，谁都被允许有不足存在，谁都可以有不足存在。但是，在如今这个社会中，若是没有一点优势，你又如何能够在这日新月异的社会中立足，又如何能够实现自己的梦想与愿望呢？

前不久，在一起工作过一年多的朋友来到我工作的地方，要我跟他们一起去有南疆第一漂的克孜尔水库去漂流。正好我也想去旅游，就在约定的那天收拾好自己的行李，到客运站等待他们的到来。

接到了他们后，我们直奔一家餐馆海吃海聊了一顿后，便住进了早已经订好的酒店。我们几个人窝在四星级酒店各忙各的睡前准备后，在一个房间的沙发跟前坐下来，一起品茶聊天。

聊着聊着，一个女性朋友 W 突然问：“大家最近的工作

到底怎样啊?”

我们几个人的工作性质大体一致，工作内容却各有各的不同，而在餐馆吃东西时，我们已经聊过关于工作的趣事、关于工作中各种安排的事情，所以我意识到这个时候她问的问题必定不是简单的工作情况，而可能是因为工作而带来的心理变化情况。

“忙呀，我有时候都不知道这样没日没夜的忙碌究竟是为了什么!”另一个女性朋友 D 在镜子面前扭动着腰身欣赏着自己的身材，顺口即来这样一句话。

“就是，我也忙，可是忙过之后，回到家里总觉得这样的忙碌没有意义，反正我的工作，谁都可以替代，我为什么要这样忙着呢?”我端起茶杯，对着镜子前面的 D 瞄了一眼，漫不经心地回答着。

“好像我们大家都进入了一个瓶颈期，忙碌却又觉得自己好像没有任何优势，在这个大环境下，自己那样微不足道，什么事情都不是可以好好地做成功的事情，就算做好了，也不仅仅是你的功劳，别人也是可以做好的，这让我们觉得好像没有必要太拼了。”D 在镜子前面转了转，想都没想地接过了话题。

“就是，就是，既然越上班越觉得上班的意义不大，谁都可以替代自己，谁都可以做好自己在做的工作，那么我们为什么又要这样工作呢?”W见她的话题引起了大家的共鸣，不等我说话，就继续兴致勃勃地说。

“是啊，你说为什么呢?”我笑着问W。

W没回答，站起来，走了几步，做了一个瑜伽动作，然后不慌不忙地说：“那我们为什么不成为无可替代的呢？我们无可替代的话，就没必要操这个心了!”

W的一句话让我们瞬间沉默了。我们都不曾思考过这样的问题：成为不可替代的存在。很多时候，人们在工作与生活过程中遇到不如意时往往过多考虑到的是客观因素，考虑到的都是外在的条件与外在的所有——有人埋怨自己的工作不尽如人意，有人抱怨领导或老板不给机会，有人感叹自己的出路太窄，却没有多少人会考虑到，所有工作上、生活上的事情其实都是人们自己忘了给自己一个让他人无法替代的能力所造成的。

人需要一种精神，那便是塑造自己得天独厚的优势，让所有人一看到你便会想到这个人适合干这一件事情，这个人有能力将这件事情干好，而且没有谁能够比他干得更好。例如，湖南卫视的何炅和汪涵就有得天独厚的优势。在湖南卫视大型节目主持过程中，他们总是不可或缺的存在。原因无他，只因他们可以完全hold住节目，可以让台里不担心这节目的收视率会下降，放心地将这样的节目交给他们去把持。不仅如此，观众们也不会因为他们俩一再地露面而批驳他们，更不会嫌弃他们的主持不够老到。

同样地，人需要一种魅力，一种让自己能够在某一方面达到炉火纯青的魅力——不用其他的点缀便可以凭那一项绝技点亮整个人生色彩。

在成长过程中，人总会面临一种境地，那便是如何让自己光芒四射，又或者换一句话来说，就是如何在人群中让自己能脱颖而出。没有谁是完美的，谁都被允许有不足存在，谁都可以有不足存在。但是，在如今这个社会中，若是没有一点优势，你又如何能够在这日新月异的社会中立足，又如何能够实现自己的梦想与愿望呢？

人的精力与时间都是有限的，谁也不可能面面俱到，各个方面都非常优秀，谁都可能在某一方面做得最好，谁都可能会存在思想、行为以及行动上的漏洞，同样谁都可以琢磨出自己最擅长的那个点，发光发亮。事实上，样样都知道一点，倒不如做一个精通一门的专家，因为这样，人们会因为你的精而选择你，你也更有发展前进的空间！

趁年轻努力一把，让自己在某一方面无可替代，让自己在某一方面不可或缺，让自己能在激烈竞争中脱颖而出，也让自己较为容易获得成功和成就感，拥有一条非凡的人生之路。

3. 职业决定未来，你选择的行业必须要看到光明

谁都不可能一开始工作就找到最适合自己的岗位，很多人都是在摸索过程中开始慢慢地寻觅自己人生之光的存在的，但我们年轻人一定要记住，不管自己选择怎样的行业，从事怎样的工作，这份工作、这个职业一定要让自己能够看到光和亮，自己所择的业一定要让自己能感受到希望。

有时候，人会在兜兜转转了一大圈后才知晓，原来在自己的世界里，盲目顺从成为一种可笑的存在；有时候，人会在人来人往的喧嚣中，忽然看到自己内心深处的渴望；成长中的人总会面临着择业，顺心而为，还是盲目盲从，成为当前许多人择业时面临的艰难选择。

在上班休息之余，我时常听到同事们总结：现在的大学毕业生一没有丰富的实践经验，二没有对自己职业生涯的规划，三是盲目地从业而后随意地跳槽——跟我们当初完全不

一样！

开始，我想要反驳她们，可是后来发现我反驳不了，因为现实中这样的例子太多了，她们说的几乎都是现实情况。

高海芳算得上是我大学朋友中对自己的职业有深刻认识的人。她知道自己喜欢的是什么，擅长的是什么。然而，她在择业的过程中仍旧经历了一段黑暗的时光。

其原因是因为在择业过程中，她曾一度抱着“随便吧，哪个工作都可以，不就是一人吃饱全家不饿吗”的态度。结果，她这样一个随便的选择，让她在很长一段时间里懊悔不已：她曾经多次因为工作不如意、因为无法做自己喜欢做的事而哭泣，曾多次因为工作上自己不知道如何继续开展而失眠。不仅如此，在那个她并不擅长的领域里，她无法大展身手，获得预期的进步，无法获得工作上的快乐。她告诉我，她快撑不下去了。

之后很长一段时间，我没有她的消息。忽然有一天，朋友圈里出现了她的刷屏，显示她在从事文字方面的工作。我惊喜之余，回复了她一下，问她是不是转行做编辑了。她给我回了几个大大的笑脸，做了肯定而自豪的答复。

高海芳的状态让我觉得惊喜。我打电话问她情况：原来她最终进了一家文化传播公司，担任文字编辑，兼任美编。

前一段时间是她的考核实习期。她的任务是物色出色的写手和在 3 个月内能有一本属于她或者作者的书在他们那里出版。为此，130 斤的胖女孩瘦了 10 斤。她没有时间刷朋友圈，没有时间给朋友们打电话，只想着要用自己的人脉找作者、约稿、审稿。在害怕作者没法及时交稿的过程中，她便每天盯着电脑，自己写稿。功夫不负有心人，她被公司留下了。

在电话里，她说：“木木啊，我发现了一个道理——你如果像寻找光明一样寻找你的工作的话，你就会享受到光明的待遇。”

对啊，像寻找光明一样择业，你便会享受光明的待遇。对待自己将要从事的职业，真是不能将自己处于黑暗中。哪怕你不幸处于黑暗中了，也要有用自己的慧眼寻找光明的决心！

人这一生有很多选择，会在不同职业中担任不同角色。因此，择业对于我们来说不是一件可以随便处理的事，因为这影响着我们后面的人生过得好不好。

人的一生总是不可避免地需要参与工作。无论是怎样的一个工作，我们年轻人都需要自己擦亮眼睛去选择。一个选择或许对于很多人而言并不算什么，但对于一个人的人生之路而言便意义重大。

有人说："年轻人要多选择些，盲目也没有错，只要有工资发，可以养活自己就行了。"可是，那样的话，择业的意义何在？我们的年轻时光并不多。我们年轻时做错很多事情没关系，但不能不去有意识地避免犯错误，以年轻为借口，一直盲目地择业，一直干自己并不喜欢或者并不合适的职业。

职业是什么？是人可以干一辈子的事，是可以将它当作一生的使命去做的事。一生都要去做的这件事，如果我们不把它当作光明般去寻找，那么我们忙忙碌碌一辈子最终或许只能在黑暗中摸索。

当然，谁都不可能一开始工作就找到最适合自己的岗位，很多人都是在摸索过程中开始慢慢地寻觅自己人生之光的存在，但我们年轻人一定要记住，不管自己选择怎样的行业，从事怎样的工作，这份工作、这个职业一定要让自己能够看到光和亮，自己所择的业一定要让自己能感受到希望。

4. 能最大限度提升你的地方，才是你就业的最佳选择

不管将来你是进大公司还是小公司，一定要根据自己的能力与公司能够给予你发展提升的机会来判定这家公司的好与坏，因为唯有你能够在公司中提升自己，这家公司给你带来的能量效应才是最大的！

最近，我老在朋友圈里看到一个朋友抱怨自己的公司杂事太多，公司太大，自己除了偶尔的员工会议压根儿见不着老板，总感觉在这个公司里干事情，自己没有发展提升前景。很多好友纷纷给他留言：“那还不跳槽！”“能进大公司多好！”“你是在炫耀吗？”“哪有大公司还没发展前景的！有这样打击人的吗？”我看后不语。

还在上大学时，就曾经有一位专门讲职业生涯规划的老师说过：“不管将来你是进大公司还是小公司，一定要根据自己的能力与公司能够给予你发展提升的机会来判定这家公

司的好与坏，因为唯有你能够在公司中提升自己，这家公司给你带来的能量效应才是最大的！”

工作几年后，我越来越明白，老师说的话一点儿也没有错，能聘用职工的公司的存在终归有一定价值，哪一家公司都有值得人们去观摩学习的地方，无论是类似于阿里巴巴这样的大公司，还是其旗下的哪一家小小的淘宝店，都是有它们存在的价值的。对于择业的人，尤其是年轻人来说，一家公司如果可以壮大、强化自己的发展空间，那么这家公司对于他来说无疑是一家好公司，反之亦然。

有人因为进了大公司就沾沾自喜，似乎进了大公司便是拥有了全世界。可是，若是这个公司的发展规划不能提升你的能力，那么这个大公司对于你而言就并不是多好的公司。

我外甥周君华曾经跟我说过，他在大学毕业后的两年里换了两家公司，一大一小。

他说：“从毕业到现在，我经历了一家大公司，一家小公司，两家公司都好，可是我在大公司只待了不到 4 个月，而在小公司却待了快两年了，大家都觉得不可思议，我刚开始也觉得不可思议。可是，在我工作的这段时间里，我发现我总会在不同的公司里学到我要学的东西，而且不同的公司，提供给我提升的空间也不一样。在大公司，我从销售员做起，因而我的格局并不大，我只是局限在思考如何将手头上的货卖掉，如何提高自己的销售技能，而在这个过程中我疲于奔波，根本没有时间看书、没有时间领悟到更多的销售精神，我能学的、能提升自己的空间太小；可是在小公司，我却能从各个方面提高自己的能力，我学到了很多之前从来都没有接触过的事情，虽然每天都有不同的事情要做，可是从一件件事情上，我明白了作为一家企业需要注意的各个关键点，我开始懂得如何更好地经营企业。我依旧每天都忙，可是我却有时间学很多的东西，我可以记下很多的东西，我能够更好地发展自己。因此，对于我而言，小公司是一家不错的公司。”

我们生活的这个社会，经济日新月异，科技迅猛发展，大公司与小公司之间的转变或许就是下一秒的事。人们要进入大公司还是小公司对于他本人而言不仅仅是一个选择，还是一个考验。能够在一家大公司中锤炼和提升自己的能力，看到这个人才饱和的地方有自己发展空间比较大的人，就适合在大公司里继续地学习下去；而在小公司中，如何能够利用这个小公司中对人才的看重，让自己能在这里学到更多，主动地去挖掘、去探索、去创造更多利益，则是每个在小公司就职的人需要考虑的问题。

在两者之间，谁能更好地让自己获得成长与提升的空间，谁便更适合自己；能让自己得到更快发展的公司，对于自己而言，便是最合适的公司。

在我们这个社会，人们或许会进入不同的公司，选择与不同的人交流、在不同的公司中练就不同的本领。在年轻时，人们总要选择一个更有利于自己长远发展的公司来锤炼自己，因为这样我们的青春、我们的事业才更有利于自己人生价值的实现。

5. 要对得起自己的选择，你必须无怨无悔地走下去

我们在选择寻找自己的人生之路时，总会有这样那样的麻烦与挑战，总会为前路漫漫而踌躇、而惶恐，可是我们却在成长过程中慢慢地开始了自己的闯荡之旅，用自己的行动告诉了所有人，我们在选择走某一条路时就决定了义无反顾，无怨无悔！

我们在生活中会遇到许多选择，在选择后又会经历不同的人生体验。在成长的路上，我们或许会因为选择了某一条路而懊恼不已，或许会徘徊不前。我们总免不了会有很多的选择，你必须要勇往直前——不管怎样，你选择了的路，就要无怨无悔地走下去，因为那是属于你自己的路。

前不久，我在街上碰到了许久不见的王文亮。老友见面，免不了畅谈一番。王文亮现在在西部某矿务局工作。我问及他的工作状态时，他摇头，说：“其实，选择到那里去工作

时，我就做好了克服困难的准备，只是，那个时候，我没有想过会困难到这种境地。”我疑惑地望着他。他笑着向我阐明了所有的一切。

王文亮地质专业毕业。当初，很多人建议他来北京或者去其他一线城市发展。他认为自己学的地质类专业，去西部发展，容易找到专业对口的工作，且自己有为西部大开发做贡献的夙愿。

大西北地域辽阔，矿物产丰富，发展程度和内地有一定的差异，但也有些城市与中部城市基本不相上下，且发展速度丝毫不比中部和东部慢。有了对口的工作，在那里踏实干几年，未来的发展也未必比到一线城市去干那些与专业不相干的工作差。

于是，王文亮积极争取去西部矿务企业的工作机会。果然，他被顺利录取。开始两年，他在矿务局所在的西部二线城市里做勘测，为城市基础设施建设贡献力量。虽然做助理，但他以十分的热情投入到工作中去，因而学习了很多知识，能力也迅速提升。几年之后，王文亮成为工程师。

成为工程师的他却并没有因此而感到生活多幸福——他必须长期出差到野外去勘测，而且有时还得带队，肩负管理和照顾一起外出一行人的责任。大西北的野外一片荒芜，很少能遇到一个人，生活用品的采购极其不方便。他们每次外出都不得不负重，带足食品和饮用水，带足可能用得上的器材和工具。偶尔，他们遇到一些路人或者村落，但语言沟通方面又会存在一些障碍……

面对这种环境，王文亮曾经自我解嘲说：“在一个有钱没地方花的环境，你一切都只能靠自己。生存能力差，那你就只有趴下……”王文亮倒没趴下，只是每次出差回到单位，他都要瘦 5 公斤以上，黝黑黝黑的脸充满皱纹，看上去比他父亲的年龄都要大。

每次有亲友带着怜悯的语气跟他打招呼时，王文亮感到自己的选择糟糕透顶了：实现不了自己初到时的人生目标，无法获得工作上的惬意，更无法获得心灵上的满足。他为自己的选择感到难过和懊悔。

当我建议他辞职离开那个工作岗位时，王文亮摇头说：“我为我的选择而感到难过，可是既然已经选择了要在这里实现我的人生价值，那我就没有理由让自己退缩，要不然怎么对得起当初的任性？而且，我曾经给自己定下了一个目标，哪怕我在这里工作起来并没有那么容易，我依旧要好好地坚持一段时间，历练自己，同时让自己的选择无怨无悔。”

是的，我们总在为自己的人生不停地做各种选择，总是希望自己能拥有一个光亮的前程，总希望在人生旅程中不会有太多的困难——最好是一帆风顺，然而没有谁的人生会是一帆风顺的，也没有一个选择会是完全风平浪静的，谁都有可能在选择了一段路后遇到不同的人，经历不同的苦难。当我们对自己的生活感到有些难受时，觉得自己或许选择了一条坎坷的道路时，我们需要给自己一个理由，让自己能够在人生路上坚持下去；告诉自己，自己并不是胡乱选择的人；告诉自己，选择了前方，便要无怨无悔地走下去。

我们在选择寻找自己的人生之路时，总会有这样那样的麻烦与挑战，总会为前路漫漫而踌躇、而惶恐，可是我们却在成长过程中慢慢地开始了自己的闯荡之旅，用自己的行动告诉了所有人，我们在选择走某一条路时就决定了义无反顾，无怨无悔！

人这一生的选择很多，怎样在选择过程中让自己明白选择的价值所在，是我们需要学的地方。谁都难免会有偏颇，谁都难免会徘徊，但是既然选择了行走，就要对得起自己的选择。因为我们只有无怨无悔地行走，才能够更好地生活，才能够实现自己的梦想。

6. 在欲望中挣扎，你要抓牢理想的真谛

欲望并不代表是理想，理想也并不是完全建立在欲望之上的，理想是让人知道自己要什么，需要充实自己哪一块的内容，需要让自己可以从哪一方面进行跨越并获得成功，是让自己可以心平气和地接受自己手中掌握着的，不用在乎别人怎么看待，自己拥有的是一种幸福感觉的存在。

在现实社会里，人们对于金钱、权力、美色都有各自独有的欲望。如何在欲望中挣扎着抓住自己的理想，是每一个人需要学习的。因为，我们走在这条通往远方的路上，各种诱惑总在眼前晃动，追求着的梦想可能会在某一欲望的诱惑下被放弃。追根溯源，到底是我们舍弃了理想，还是理想舍弃了我们，我们很难得知。

莎莎是我所有朋友中对于金钱有别样掌控欲望与痴迷的人。她大学没毕业就从各种途径知晓了如何在淘宝网上购买

到既便宜又好的东西，如何进行申诉，如何让自己在买到满意的东西同时又获得比别人更多的赔偿；与她聊天，往往谈了不过十句话，她便会扯到她又赚了多少钱，买了什么股票，有了多少存款，等等。我们深知她的个性，便会安静地听着她或是得意或是炫耀的语气说着她近日与金钱的趣事。

参加工作后，莎莎跟以往一样，每次我们通电话，还不过5分钟，她必定会说：“好了，不跟你们说了，电话老占线，等我的客户来电话了，我也不知道，挂了……”她给自己所有网络聊天工具里取的名字都是流沙，而签名都是“流走的是沙子，留下的是金子”。

我们很多朋友都觉得像莎莎这样的可以算得上是拜金的女孩，必定要交一个家境极为富裕的男朋友，因为她曾经说过：“没有钱怎么行？没有钱哪有人愿意嫁？哪里能产生安全感？那个女生说得很对，就是要在宝马车上哭也不要在自行车上笑。”然而，生活似乎总会跟人开玩笑，爱情来到时也总是让人超乎预料。莎莎的男朋友是一个湘西山窝窝里的男生，家中有三兄弟，大哥已经娶媳妇了，小弟还在读初中，家里地地道道的是家徒四壁。因此，在跟男朋友闹矛盾时，莎莎或是安慰自己或是气恼地对我们说：“反正我们也走不长久。他家那样穷，我怎么可能跟他过一辈子？我可现实可现实了，我对于金钱的欲望强到我自己都想象不到，我想如果我有其他的选择，一定要抛弃他……”

然而，事实却是他们度过了大学的毕业季，挨过初入职场新人一无所有的经济惨淡时，他们最终走入了婚姻的殿堂。尽管莎莎一直都说崇尚着拜金主义，在任何时候从来不掩饰自己对于男友的鄙视和对金钱、有钱人的向往，但她却依旧抓住了男友的手，让他成为自己的丈夫。

在莎莎生下她儿子时，我去看了她。我问：“你不是最有野心、有金钱欲望的人吗？怎么就让自己在他手中栽了呢？这似乎没有一点符合你的理想啊！”

莎莎笑，说：“我们总以为自己的欲望与理想是在一条线上的，因为有了金钱的欲望，所以会需要不停地去寻找一个能够满足自己欲望的人，或者去用尽手段填满自己的欲望所求，我以前也这样做，可是后来却发现我的理想并不是这样的，就像别人说的：最好的生活是有自己的钱，买自己想要买的东西，然后有一个很爱很爱自己的人跟自己过一生。我发现我的理想生活就是这样简单，虽然我在现在的社会环境下依旧被拜金主义熏陶着，依旧还在做梦有那么一天我可以肆无忌惮地挥霍，可是那不是我的理想。”

在现实中，任何人都有自己的欲望，经商的想要发财，当官的想要做大官，参加比赛的想要得奖，唱歌演戏的想要爆红……谁都有自己对于生活的各种追求与对于目标获得的欲望。可是，欲望并不代表是理想，理想也并不是完全建立在欲望之上的，理想是让人知道自己要什么，需要充实自己哪一块的内容，需要让自己可以从哪一方面进行跨越并获得成功，是让自己可以心平气和地接受自己手中掌握着的，不用在乎别人怎么看待，自己拥有的是一种幸福感觉的存在。

所有的膨胀都是因为有了欲望，而理想是在膨胀时能够保持一种理性，让自己可以在膨胀的欲望中，在偏离正轨的迷失中获得一种从自己内心得到的满足，让自己可以从“心”的号召、从新的方向去开拓、去创新、去获得、去探索。

我们总是在担心，在欲望的冲击和诱惑下，人们会忘了自己的方向，忘了自己的路，忘了自己该往什么方向走，最初开始的选择，最初的梦想，不可忘记、不能忘记。唯有如此，我们才不会走向歪路，我们才有可能就算在欲望的挣扎下也活出自己的滋味和风采。

7. 你知道去哪里，全世界都会为你让路

越是绝望的路，我们越要勇于去挑战，勇于去面对，沉下心来，慢慢地摸索出一条属于自己的路，让自己能够在生活过程中让全世界都自动地为自己让路。

树的方向由风决定，人的方向由自己决定。人们行走在这世界上，沿途会遇到各种各样的路，会经历各式各样的分岔口。有的人可以走过一条又一条曲折的路；有的人却在路途中迷失了方向，不知道自己该向哪儿行走，有的人在行走的过程中不断地探索着属于自己的路，不断地思考着自己的方向，尝试着告诉自己、告诉世界自己要去哪里，要往哪个方向行走。这个过程很艰辛，也很磨砺人。

在这个过程中，人们往往很容易迷失，也很容易崩溃。在想方设法尝试了很多、付出了很多后都没找到出口时，人们会感到绝望。但，越是绝望的路，我们越要勇于去挑战，

勇于去面对，沉下心来，慢慢地摸索出一条属于自己的路，让自己能够在生活过程中让全世界都自动地为自己让路。

有这样一个故事，让我至今深受启发。

上大学时，有一次我们去一位老教授家里做客。老教授提出要做个测试。我们顿时都来了兴致。

老教授问："如果你去山上砍树，正好面前有两棵树，一棵粗，另一棵较细，你会砍哪一棵？"问题一出，大家都说："当然砍那棵粗的了！"

老教授一笑，说："那棵粗的不过是一棵普通的杨树，而那棵细的却是红松，现在你们会砍哪一棵？"我们一想，红松比较珍贵，就说："当然砍红松了，杨树不值钱！"老教授带着不变的微笑看着我们，问："那如果杨树是笔直的，而红松却七歪八扭，你们会砍哪一棵？"我们觉得有些疑惑，就说："如果这样的话，还是砍杨树吧，红松弯弯曲曲的，什么都做不了！"

老教授目光闪烁着，我们猜想他又要加条件了，果然，他说："杨树虽然笔直，可由于年头太久，中间大多空了，这时，你们会砍哪一棵？"虽然搞不懂老教授的葫芦里卖的什么药，我们还是从他所给的条件出发，说："那还是砍红松吧，杨树都中空了，更没有用！"

老教授紧接着问：“可是红松虽然不是中空的，但它扭曲得太厉害，砍起来非常困难，你们会砍哪一棵？”我们索性也不去考虑他到底想得出什么结论，就说：“那就砍杨树，同样没啥大用，当然挑容易砍的砍了！”

老教授不容我们犹豫地问：“可是杨树之上有个鸟巢，几只幼鸟正躲在巢中，你会砍哪一棵？”终于，有人问：“教授，您问来问去的，导致我们一会儿砍杨树，一会儿砍红松，选择总是随着您的条件增多而变化，您到底想告诉我们什么、测试些什么呢？”

老教授收起笑容，说：“你们怎么就没人问问自己，到底为什么砍树呢？虽然我的条件不断变化，可是最终结果取决于你们最初的动机。如果想要取柴，你就砍杨树，想做工艺品，就砍红松。你们当然不会无缘无故地提着斧头上山砍树！一个人，只有在心中先有了目标，先有了目的，做事的时候才不会被各种外在条件和现象所迷惑，才不会偏离正轨。这就是我的测试，也是我想要告诉你们的！”

如果想要取柴，就砍杨树，如果想做工艺品，就砍红松。你是砍柴人，还是工艺品制作者，你是需要柴火，还是需要工艺品，你只有明白这些，才能实现自己的目的。年轻的你要知道，好的不一定就是适合的，适合的才是最好的。你要聆听一下自己的心声，做自己真心想做的事情，这样才不至于迷失，才能激发你的积极性和潜能，才能比较容易获得成功。

因为，在行走途中，奋斗道路上，最怕的并不是遇到的各种艰难与险阻，也不是碰到各种困难与挑战，而是我们在中途迷失，从始至终或忽然迷失了方向，不知道自己究竟要去何处。人一生中要走的路很长，也很久远，如果不知道自己要走向何方，那么或许终其一生都无法找到一个良好的基点，让自己认清自己人生的方向，让自己触碰理想的彼岸。

我们都不怕自己会有怎样的一段人生，是精彩还是失意，是美妙还是苦闷，是色彩斑斓还是黯淡无光，只是担心在人生的旅途中永远找不到自己的方向在哪里，永远都没有能够获得哪怕一次的让世界为自己喝彩的理由——就像是一只无头苍蝇一般乱窜着，不知晓自己该去往何方，归向何处，一片迷惘。

或许，年轻的你终其一生都没有办法达到伟人那样的明确规划，能够达到名人那样在各种经纪人、宣传团队指导下那样的精细安排，可是，你可以做到一点：用自己的经验、用自己的眼光和自己的思维来改变自己生活的状态，用自己的设想将自己的人生变得不一样。

我们活着不单单是为了活着，更是为了让自己有朝一日可以活得潇洒，活得惬意，可以让自己在一生的某一个时刻能够赢得全世界的掌声。

8. 无所畏惧，这是你拼搏的资本

无所畏惧是人们拼搏过程中的一大资本，拥有这样的一个资本，会让人们在生活过程中更好地实现自己的人生价值，品尝到成功的甘甜。

在人生奋斗旅程中，很多放弃都是因为害怕，因为害怕所以不愿不敢去拼搏；因为担忧前路坎坷而不敢迈步向前，因为恐惧远方陌生而不愿眺望。然而，畏惧向前就意味着放弃了许多机会，放弃了许多发展前景。都说初生牛犊不怕虎，因为他们无所畏惧，都说无所畏惧的人更容易获得人生的美好。对于年轻的正在拼搏奋斗的人来说，无所畏惧是我们参与社会竞争的最大优势所在。

有个年轻人去微软公司应聘，而该公司并没有刊登过招聘广告。见总经理疑惑不解，年轻人用不太娴熟的英语解释说自己是碰巧路过这里就贸然进来了。总经理感觉很新鲜，破例让他一试。面试的结果出人意料，年轻人表现糟糕。他对总经理的解释是事先没有准备。总经理以为他不过是找个托词下台阶，就随口应道：“等你准备好了再来试吧！”

一周后，年轻人再次走进微软公司的大门。这次，他依然没有成功。但比起第一次，他的表现要好得多。总经理给他的回答仍然同上次一样：“等你准备好了再来试。”

就这样，这个年轻人先后 5 次踏进微软公司的大门，最终被公司录用，成为公司重点培养的对象。

机会稍纵即逝，从来不会因为某个人而做过多的停留。机会来临的时候，我们就要抓住它，哪怕遭受别人的耻笑，也不要轻易缩回自己的手。我们一定要记住，一个有勇气做题目的人永远比一个交白卷的人可贵。

故事中的年轻人，即便学识并不渊博，但他还是在不断地学习，为自己创造了一次又一次的机会。他没有被失败吓跑，因为去做了，他发现了自己的不足，他就更加努力。他经历了一次又一次的失败，最终给了自己一个圆满的答案。从某种角度上说，这个年轻人赢得机会，赢在他无所畏惧，赢在他的勇气。

事实上，没有谁的生活是被予以了“一点也不会有错、一点儿也不会让人害怕”之类承诺的，每个人在生活过程中总会面临着选择——对于生活、对于拼搏的选择与决断。对待前所未有的、从来都没有人尝试过的事情时，谁都会有一丝忐忑，有点儿害怕，有些许挣扎。可是，成大事者，谁不会经历一段战胜困难的时光？谁又能够一帆风顺地走完全程，且又能让自己在这过程中一点儿也不感到恐慌与害怕？

没有谁能够做到。可是，在生活过程中，我们却不得不做出这样的决断：保持一种无所畏惧的心态，让自己能够拼得更有底气；保持一种无所畏惧的状态，让自己能够拼得更有风度；保持一种无所畏惧的神情，让自己能够拼得更有资本。

因为，现实让人们畏惧。所有人都需要有自己的资本来拼搏。对于年轻人、对于正在追求正在追梦的一代人来说，拼搏不仅仅是需要实力，更需要心态，而心态很多时候取决于人们对于事物的无所畏惧。因而，无所畏惧是人们拼搏过程中的一大资本，拥有这样的一个资本，会让人们在生活过程中更好地实现自己的人生价值，品尝到成功的甘甜。

生活总在不知不觉中告诉了世人需要投入一些状态。年轻的你，需要拥有一份心态，需要强调一个形态，没有谁不会害怕什么。可是，你成长的路很多时候需要一个人走，把自己装点起来，让自己无所畏惧，让自己更强大，让自己更具有拼搏的资本，让自己在拼搏的路上一往无前，这是每个正在追梦的人、正在奋斗的人需要把握的一种本领！

9. 在追求理想的路上，谁都会经历各种痛

每个人都有一段属于自己追求理想的路，每个人的选择或许不一样，追求的事物也不尽相同，但是，对于所有的追梦者而言有的东西是一样的：追求梦想的路上总是免不了会有坎坷与苦难，总会有这样那样的荆棘与挑战，总会想要放声大哭，想要逃离，总会进入一个瓶颈，步入一个自己觉得疼痛难耐的时刻。

几天前，好友给我打电话，让我去公文传输系统看一下有没有新的公文下达，她们单位的网络不知怎么回事掉了线。话还没有说完，她便哭了起来，任我怎么问询，她都不说。没过多久，她的哭声停了，对我说："嗯，我已经好了，你给我去看看公文，有的话告诉我一声。"我不放心她，便开着车去了她单位，那个时候已经晚上 11 点半，她还在单位里整理那些需要考评的材料。

她看到我来了，紧紧地抱着我，说：“这个时候过来，你也不嫌麻烦，我都说了我已经好了……”我并没有跟她说什么，只是看着她。我想，她如果想说，会告诉我的。我坐在一旁看着她忙碌地整理材料。

或许是我的安静让她有了触动。她忽然又哭了，对我说：“哪，你说，我们来这里究竟为了什么？这里没有我们多少亲人，没有多少朋友，没有多少休闲娱乐的时光，更没有多少人能够理解我们的选择，我们承受着多少压力，我们想要实现的东西又没如愿地实现，我们究竟为了什么？”

我们来到京城，举目无亲，工作繁忙，没有多少休闲时间，也没有多少能够与朋友相聚畅聊的日子，仿佛除了工作还是工作，我们到底为了什么而来？好几天了，我都在问自己。除去身上的那一身意志，我们似乎什么都没有。那么，我们究竟来这里受这些苦干什么？

我跟好友沉默了一会儿，对她说：“我们来这里，是寻找我们的梦想来的。为了我们的理想，我们不远千里来到这里，努力适应着难以适应的环境。不过，细想起来，我们也是为了能够更好地领悟、能够在这片土地上奉献一分力量、让我们的青春更绚烂而来到这里的。我们来时，不就早想过了我们会遇到的各种困难吗？”

她笑了，说："我说我好多了，是因为我忽然明白，在我追求的理想中，我从来都没有想过有什么困难会难倒我的。我也不怕一路的荆棘，我甚至都会为磨难高歌一曲，只是我还会觉得痛，还会有些不甘心——追求梦想就一定要经历痛吗？"

"一定需要！不是说了啊，天将降大任于斯人也，必先苦其心志，劳其筋骨，空乏其身……"

是的，每个人都有一段属于自己追求理想的路，每个人的选择或许不一样，追求的事物也不尽相同，但是，对于所有的追梦者而言有的东西是一样的：追求梦想的路上总是免不了会有坎坷与苦难，总会有这样那样的荆棘与挑战，总会想要放声大哭，想要逃离，总会进入一个瓶颈，步入一个自己觉得疼痛难耐的时刻。

我们会问为什么，为什么我们会遇到这样的困难，为什么我们会经受这样的折磨，又为什么我们会被追梦过程中的一系列的困难弄得这样狼狈不堪，我们追求的是什么？我们为什么要这样追求？我们究竟在渴望什么，在想要获得什么？

在奋斗的路上，每个人都会在被困难扎手后，想要哭泣，或者放声大哭，而后，会思考究竟我们想要干什么，是什么让我们变成了这个样子？所有在奋斗路上的人或许都不曾想过能够一帆风顺地获得自己追求的理想，所有在追梦旅途中的人或许都不曾想过能够毫无损伤地获得自己的所思所盼。但是，人终归是一个理性与感性交织着的存在，在不停地碰壁时或许会觉得不甘心，在遇到更大的困难时或许会觉得想不通。这不正是人生吗？

某著名拳击手在获得拳王黄金带之前曾经无数次地被对手打倒，无数次地血流满场，无数次地趴在台上痛得抽搐，他甚至不敢让自己的妻子看他比赛，被打伤后也不回家让妻子照顾。他在获得“拳王”称号之前，受过无数次的伤，被人揍，被人欺负，甚至不被人看好。但是，他知道自己的目标是什么，他的理想是成为拳王，他要让自己更强大，让自己更少地受伤，让自己可以获得自己职业生涯的桂冠。

在遭受了一路的血流后，在经受了很长时间的痛楚后，在熬过了一段又一段的被打倒，他终于站起来了——他总算赢得了他人生中的桂冠，他总算获得了他职业生涯的黄金带，他总算有了属于他的“冠军”之路。

在一次采访中，这位拳击手说：“我妻子问过我，不痛吗？我告诉她，痛啊，可是这点痛又算什么？谁的成功不经历一点点痛苦呢？谁的追梦之路上会没有一点荆棘呢？反而，我要感谢那些曾经打倒过我的人，让我可以在往后的人生之路上记住那些苦，记住那些痛，不断地激励自己要努力，不然又会被人打痛，又会让人打伤，不想要那样的日子，所以，为了理想，我必须继续前行，为了实现梦想我必须不懈努力！”

在荆棘之路上行走着，扎得人脚痛、手痛、浑身没有一块好地方，可是，就算是这样的路，它若是一条让自己的理想得以实现的路，若是能够让自己的梦想能够成为现实的路，那么路上的这点苦难又算什么？这点荆棘扎身又算什么？

行走，不停地赶路，不停地向着自己的理想冲，让自己能够在自己的人生中扛起属于自己的那份苦难。若是能够让自己的理想得以实现，若是能够让自己的梦想能够变为现实，奋斗中的人不是应该不怕痛、不怕苦吗？

10. 不要害怕犯错，错了可以重新再来

人生的奋斗过程需要一种精神，一种能够让自己不畏惧犯错误的精神。不然，因为害怕在行动过程中犯错误，所以不去尝试所有未知的事物，因为害怕自己不曾接触过某一项工作，所以不再尝试着去做任何事情，那么怎样才能有所成长，怎样才会有所进步呢？

当被宣传中心的主任告知要临时去主持一场农民歌唱比赛时，我心中有些惆怅，更多的是担心，虽然在学校时曾经做过类似的主持，但面对的是同学甚至是学弟学妹，到了工作单位，去主持一场农民歌唱比赛，面对一群农民群众和领导干部，而且还是临时抽调做主持，我有些害怕。

我告诉主任：“不然您还是选一个有经验的人来主持这场比赛吧，我担心自己会因紧张而犯错误，没有办法主持好这场比赛。”

主任摇摇头，说道："怕什么犯错？主持又不是一下子的事情，谁来做主持也会要一个适应期，前面犯了错，大不了后面补回来，这不就行啦！"

主任的话让我的疑虑打消了，我走上舞台担起了临时的主持人，主持着一年一度的农民歌唱比赛。在这个过程中，我刚开始出现过口误，但渐渐地，我变得自信了起来。在后面的主持中，我将前面的口误不着痕迹地纠正。比赛结束后，我赢得了单位领导的一致好评。

人生的道路上，谁也不可能什么也不害怕，总会有第一次的尝试，总会担心害怕自己犯了错，总是在自己生活过程中希望自己能够更有把握地去做一些事情，然而，这似乎没有那么容易，人非圣贤，孰能无过？犯错对于一个人来说可谓是司空见惯，虽然现实并不允许人们多次地犯错误，但是，谁都可能在自己不曾掌握的方面犯错误，我们千万不要因为害怕犯错便不开始尝试，不要因为害怕便不努力。

单位里的蓝姐是一个很保守的人。她的保守不仅仅体现在穿衣和活动行为中，更体现在她的思想中——她从来不会去尝试冒险的事情，对于她所有的工作，她都只挑选自己会做的事去做，那些她从来都没有尝试过的工作，她永远都不会去做。

当领导对她说：“小蓝，你把这个材料好好看下，然后把方案弄出来，下周我们要审核。”蓝姐特别高声地说：“你杀了我吧！我不会做这样的事情，我做出来的事情肯定是错的。我怕做错了，你还是不要让我做啦！这做出来就是错的，我害怕。”蓝姐这样的话说得多了，她的领导也不再给她安排过多的工作了，而且就连写信息和通知通报之类的材料信息都不让她做。

渐渐地，日子长了，蓝姐便成为单位里最闲的人。在领导经过一系列的考虑后，将蓝姐调到了档案室，专门整理档案。蓝姐她也不想做档案的事情，跟领导诉苦：“我从来都没有整理过档案，这么多的档案，我怕自己做不好，要是把别人的档案弄没了，或者一个错误把别人的材料档案弄脏了，那怎么办啊？”

蓝姐的话让领导实在恼火，说：“你怕犯这个错误，怕犯那个错误，这个工作不能干，那个工作怕干砸了，那你还能做什么事情？”

蓝姐的工作最后停滞了。后来，单位裁员便将蓝姐给裁掉了。

蓝姐走时，领导说：“你如果不改掉你的工作作风的话，到哪里你都没有办法长留。你害怕犯错误没有错，但你却因为害怕犯错误而拒绝做任何事情，拒绝尝试开始任何的工作，这便是你的错误。犯错并不恐怖，怕的是你犯了错误，却没有从头再来的勇气。”

人们总是在行走的过程中因为畏惧而丧失了行动的能力，那么无疑是一种悲哀。人生的奋斗过程需要一种精神，一种能够让自己不畏惧犯错误的精神。不然，因为害怕在行动过程中犯错误，所以不去尝试所有未知的事物，因为害怕自己不曾接触过某一项工作，所以不再尝试着去做任何事情，那么怎样才能有所成长，怎样才会有所进步呢?

记得小时候学习写毛笔字时，我总是不敢提笔，因为害怕一提笔就是错误的顺序，就是错误的开始。于是，所有小伙伴们都开始写出一段或美或丑的字时，我还是在一旁不知所措。我害怕那严厉的老师因为我笔顺或者提笔姿势错误而对自己进行批评，所以我不要尝试。这样的话，老师就不会到我身边，指点我的错误，更不会在课堂举例时，说某个学生姿势不对、写得字体不流畅时提到我的名字。然而，这对于我来说并不是一件好事情。因为我害怕犯错误，害怕自己写得不好，害怕自己写错了被人嘲笑，我没有坚持练毛笔字。现在，我长大了，好些朋友都能写出一手漂亮的毛笔字，而我还处于自我摸索阶段，写出来的字更是不能直视的。好在现在我并不认为自己在学习毛笔字过程中会犯的错误有什么不行的，就算今天写的这个字因为笔顺和辗转没有写好，我也不会觉得丢人，觉得害怕，我开始明白从头开始的重要性，也开始明白做任何事情就算是犯了错，只要不是致命的，都有再来一次的机会。

人们在成长过程中或许就是在体验这样的一个过程：不断地完善自己，做错了什么事情，重新再来，争取下一次不再犯同样的错误，争取能够让自己下一次再重新开始时展现出一种完美的姿态。所以，人不可能一下子就变得优秀，做任何事情也不可能一步到位，既然每个人都有可能会犯错误，既然每个人都可能经历一些错误的事情才能够成功，或许某一些人在做错了事情后，重新再来几次也不见得会做对事情，但是至少，他们身上有一种品质：一种不害怕犯错误，一种不畏惧犯错误，一种想要学习着更好、更快地完成自己使命的心态，一种哪怕错了也没有关系，我总会有自己新的路要走的心态。这种品质值得人们学习，在这种品质的渲染下，哪怕重来几次也无所畏惧，这或许就是成长要告诉所有人的。

11. 忍不下去时，你就果断选择重新起航

与其忍受着非人的折磨，与其不停地将自己短暂的宝贵的时光浪费在那些自己不愿意承受的痛苦中，倒不如潇洒地将那些不能再继续忍受的一切剔除，寻找属于自己的真实人生。

在当今社会，很多时候，人们在生活与工作过程中总会要忍受很多的东西，为了生计，为了更好地适应这个社会、适应工作的需要，为了维护一段情谊，人们忍受着许多，有时候那些忍受并不见得是多美好的事情，也不见得对于自己有多么大的贡献，而在忍受与选择开始另一段人生之路时，人们往往比较难以抉择。

前不久，我好朋友与她的丈夫离婚了。她选择结束这一段长达 5 年的婚姻生活，所有人都觉得她是疯了才同她丈夫选择离婚的——她的丈夫家庭宽裕，她不需要出去工作便能

够有钱花，她过着一种富太太的生活，一种很多人都羡慕的生活，她竟然还跟丈夫离婚。

她对此充耳不闻，不做解释，也不理会。她开始出来寻找工作，开始享受自己赚钱的乐趣。当自己赚得了一大笔钱后，她高兴了便请三两好友去唱歌、去旅游，不高兴了，就窝在家中学习烹饪，过着属于她自己的小日子。

一次，我们在一起玩真心话大冒险时，说到了她的婚姻。她笑着说：“我觉得自己没有办法忍受那样的生活，所以就选择自己滚蛋了。”我们看她并不排斥这样的言论，便笑着问：“什么样的生活你竟然忍受不了？好吃的、好喝的都给你伺候着，这样神仙般的日子，你为什么还觉得忍受不了呢？”

“其实，刚开始，我觉得日子过得还可以，没有什么忍受不忍受之说，我前夫在开始时对我也挺好的，家中有钱，我不需要做什么事情就有钱花。但是，前夫家里有这样的规定，女人不能去外面抛头露面，不允许工作，只能在家相夫教子。刚开始因为爱，我觉得可以接受，不就是不出去工作嘛，不工作还有钱花，何乐不为。可是，日子一长，我觉得有些难耐，我是一个工商管理专业硕士，我有自己曾经向往的工作与理想，我曾经规划过的生活不仅仅是光亮的，是充满挑战与无限可能的生活，而不是一潭死水，等着前夫给点零花钱，花个钱还需要看眼色。我开始试图说我要去工作，但这样一来，不但公婆不同意，就连丈夫也不支持，他们总有各种理由拘禁着我，不让我去看外面的天空。对此，我感到厌烦，我想，我可以忍，我可以不停地跟我丈夫家人建议我要上班，可是得不到回复，直到我忍耐不下去，我选择结束这段婚姻。我不想做金丝雀，我也不想自己总是为了不必要的事情一直憋着，忍着，忍出毛病来……”

生活总在时刻的转化中告诉着我们这些经受着磨砺的人：知足、坦荡、付出、潇洒的关联与真谛，生活总会在不停地翻滚着告诉世界上的人：需要知道满足，需要懂得潇洒，需要知道如何坦荡，需要明白付出的价值。如果自己已经很知足了，却无法潇洒地生活，如果自己很坦荡了却无法品味知足的快乐，如果自己的付出永远无法让自己更为潇洒地行走，那么自己需要审视，需要重新起航，让自己过得更自如、更快乐，实现自己的人生价值。

生活其实很多时候虽然是为了生计，但是为了生计的同时也是为了享受，为了让自己更像自己，为了实现自己的人生理念，完成自己人生想要做的事情，我们往往需要更肆意一点。人生得意须尽欢，能忍则忍，不能忍时，果断地选择另谋生路，选择让自己更好地生活。

在忍受与另谋生路的过程中人们会经历一番斗争，若是没有勇气开启一段新的旅程，人们往往会继续忍受着一些精神上或者物质上的摧残，生活总会在不知不觉中告诉人们一些道理，一些需要再好好地惦念人生，思考问题的道理。

人的一生并不长，在历史的长河中就是那么短短的几十载，有多少时光可以挥霍，又有多少青春可以再重来？有多少选择可以停滞，又有多少情趣可以淹没？人总需要一个机会去寻找、去追求自己的人生，如何让自己在人生之路上更好地开启自己的生活、工作与学习，是每一个人该好好去思考的问题。与其忍受着非人的折磨，与其不停地将自己短暂的宝贵的时光浪费在那些自己不愿意承受的痛苦中，倒不如潇洒地将那些不能再继续忍受的一切剔除，寻找属于自己的真实人生。

12. 玩时就尽情玩，会玩才会工作

生活应该是丰富多彩的存在，工作并不是生活的全部，工作与娱乐理应相辅相成，而不是顾此失彼。人生需要工作，同时也需要乐趣，会玩才会工作，玩乐时尽情玩，工作时，尽心工作！

前段时间，我应朋友之邀去玩了一通。在去玩之前，朋友让我不要带工作手机，只带上私人手机就行。见我有些不解，朋友笑着说："去玩不要让工作耽误了玩闹的心情，要玩耍时就要尽情地玩一通，带上工作手机，就会有人给你打电话，让你在玩时还要想着怎么安排好工作，那怎么能玩得开心。就算是玩了一通，回来也不会感到高兴，工作起来也没有什么激情了。"

是的，工作性质似乎决定了我不能离开工作岗位。可是，工作时间一长，我玩乐的时间便会变得很少。我真的想要好

好地玩闹一番，想让自己在玩闹时尽情地玩闹，如果我玩闹时还想着工作，那如何能够玩得好？

在工作或者生活过程中，我们总难免会碰到这样的情况：有的朋友在唱歌时接到领导的电话，然后唱歌的兴致便被打断，不自觉地便去某一个角落里打电话，安排事情；有的朋友在爬山时被领导一个电话打来问材料，问档案，原本与伙伴们好好玩的心情一下子被这通电话打得全部都散了，不得不整理心思，好好地回答电话那头的询问……

在现在的社会中，许多的人都被工作给束缚住了自己玩耍的心，好不容易有一个假期也常常会因为单位、公司有事情而放弃自己的休闲娱乐，然而，据相关调查研究发现，一个人如果能够在娱乐的过程中合理地释放出在工作过程中产生的一些负面情绪，他再重新进入工作时的角色转变会比在高强度工作中的人要强很多，与此同时，在人们开始自己的玩闹时，若是无法好好地玩耍，不能肆意地疯一把，而是在玩耍时也会惦记着要去工作，对于工作反而有负面的影响。

莉莉是一个工作狂，她很少参加朋友们的聚会，有时候哪怕她“赏脸”来参加了聚会，也不会待到聚会结束——总是在饭局开始没多久便被要么是客户要么是上司的电话搅乱了她的聚会时间。这个时候，她总是感到抱歉。刚开始，朋友们会原谅她的行为，但久而久之，所有人都不喜欢她的这种行为。有人说：“若是不能出来好好地玩，那就去工作，如果真的是有重要的工作，那就不要想着出来玩，每次都这么来一出，不是影响别人的玩耍情绪吗?”

莉莉总是在任何时候都想着要将工作做得更好，要更好地开展自己的工作。她舍弃了很多玩耍的时间，也舍弃了很多与朋友交际的时间，她甚至连装点自己的时间都腾不出来。可是，她的工作效率却从来没有因为她的舍弃玩乐而变得更高，工作绩效也没有因为她的加班加点而变得有所提高。

在紧张的生活节奏下，工作压力、生活压力总伴随在人们左右，人们若总是不停地工作，总是不停地逼迫自己在工作上更努力，而忘记了释放自己的情感，那么人们如何在社会上更好地立足？舍弃了一切的休闲娱乐，就没有办法领会自己的人生价值，又怎样能让自己的工作变得更为积极有效?

都说劳逸结合，若说工作是可以让人们收获物质上满足的存在，那么玩闹则是可以收获精神上享受的存在。在经历了一段高强度的工作后，在满足了一定的物质需求的情况下，人们会开始期待能够拥有一个精神上的享受，而这份享受对于每一个人来说必不可少，怎样玩能让自己生活得更好？怎样玩能够让自己会有更多的精力投入到下一步的工作中？都是人们在玩乐的过程中会体验到的一种情绪。都说会玩才会学，玩好了才能工作得更好，这并不是毫无根据的。

我们在工作中完成了对于工作作出的承诺，我们在玩耍时也该对得起自己心中所向、所往。生活应该是丰富多彩的存在，工作并不是生活的全部，工作与娱乐理应相辅相成，而不是顾此失彼。人生需要工作，同时也需要乐趣，会玩才会工作，玩乐时尽情玩，工作时尽心工作！

第二章

你是在为理想奋斗，不必在意别人说三道四

你的梦想，不可能所有人都知道；你为理想奋斗，也不可能所有人都理解。在奋斗的道路上，你将不可避免地遇到一些外界的干扰，但你没有时间也没有必要去在意，你要时刻想到你的一切是为你自己的理想奋斗，无论外界对你评论是好是坏，都任凭别人说去。

1. 别怕被人议论，你的奋斗自己掌握

走自己的路，奋斗自己的人生，做好自己该做的，做好自己认为正确的事情，不要害怕他人说什么，不要担心他人怎么说，人生的路需要自己走，人生的风景自己掌握！

亮亮是我一个堂哥的儿子，聪明能干，目前在一所大学读书。独立能力强的他，时常在社会上接一些设计类的兼职，努力将社会实践和自己所学的专业结合起来。为了更多地了解社会，获得一些社会经验，亮亮经常给我打电话，咨询一些事，跟我交流一些看法。

最近，亮亮打电话时，语气里充满了迷惘和无奈：“我不知道该怎么办了，我觉得我好像做了什么对不起宿舍室友的事情，让他们讨厌我了……”

听他的语气，好像他做了什么丢人现眼的错事一样，于是我决定引导亮亮，追问为什么会这样？没想到，他后面的

话让我啼笑皆非："我每天都很有规划地生活，最近我给自己找了很多的事情干，过得很充实，我的设计被一个公司看中了，他们也准备买我的设计稿，所以我现在就特别的忙碌，以前还可以参加宿舍的活动，现在基本上没有时间参与了，室友们有时候觉得我太拼了，觉得我就知道赚钱、知道做兼职，根本就没有什么交际，有时候我想参与到他们的活动中，可是他们经常把时间浪费在玩游戏，打升级这种事情上，我不喜欢做这样的事情，他们便说我不合群，现在，我又要很忙了，不能再在他们的圈子里生活了，我准备去外面租个房子，可是我觉得自己好像做了什么对不起他们的事情一样……"

亮亮的话让我怔住了一会儿。随即，我很平静地告诉他："你别管别人怎么说，你奋斗你的，不关别人的事……"

在生活过程中，我们会遇到这样的情况：自己很努力地在为了自己的某一个目标而奋斗，可身边的人似乎没有这样的想法，身边的人似乎对于生活并不存在太多太大的追求，我们在为了自己想要的生活而努力时，身边的一些人并不在意生活会是个什么样的，不在意自己的生活是否有奋斗的足迹，也并不在意自己是否要努力奋斗，但是，他们看到别人在努力、别人一刻都不停歇时，他们会嚼舌根，会说着难听的话。我们难道要因为这些人说了难听的话便放弃自己的追求和努力吗？不！

人虽然说是群居的生物，但是，群居并不代表没有个性地生活，每个人都有自己的生活节奏和生活方式，每个人都有自己设定的生活步调，我们每个人终究要自己走完自己的这一生。奋斗的日子是属于我们自己的，没有谁能够用他们的影响力来干预我们的奋斗，你奋斗你的，与别人何关？

有时候，奋斗的路途中会充斥着流言蜚语，充斥着一些自己都无法避免的无聊画面，会让人感到无奈，也会叫人觉得无语，可是，难道因为外界的这些干扰我们就要放弃自己的奋斗，放弃自己的理念吗？

隔壁那家公司里有一个女孩子，长得很漂亮，为人也挺好，业务能力也不错。她有自己的一贯作风，喜欢自己挑重担，喜欢自己将很多事情都做到绝对的好。她每天都很忙，每天她都把自己规划得好好的。不用上级安排，她便将需要干的事情做得很好——她做得太出色了。人总会有忌妒心理，也总会存在攀比的心理，有的人会惦记着她的那份方案，会惦记着她的客户，也会给她使绊子，会用流言蜚语攻击她，会说她的订单那么好，或许采用了什么不正当的手段……

有一段时间，她为此感到很难过，她打电话给父亲，问：

“爸爸，为什么我那么努力地为了我的生活在奋斗，却有这么多人认为我的奋斗那么不堪，认为我不该这样奋斗呢？难道为了让他们好过，我就不能这样努力奋斗了吗？”

她父亲是一位挺理性也挺智慧的长者。他说：“从人的私心来说，人们总希望别人跟自己没有多大的差别，人们总希望自己身边不会出现那么厉害的角色，这样的话，自己就不会被压制。可是，从社会的发展来说，谁都需要努力地为自己奋斗，都需要不停地为自己而活着，走自己的路，让别人去说吧，自己的人生之路若是因为他人的三两句话便被干扰了，那是相当不幸的！”

在生活中，没有谁能够决定他人的生活轨迹，也没有谁能够让他人的奋斗变为一种磨洋工，每个人对于自己的既定目标不一样，每个人的生活轨迹也不一样，每个人需要承受的压力与生活的状态都不一样，这么说来，我们便无须对他人的态度、议论产生多少的情绪，我们努力地为了自己生活，我们设法为了自己更好地生活而奋斗，这无可厚非，我们的人生需要自己作决定，管他人惦记与否，我们都在努力地活着，这便是我们的人生。

有人说过，世界是圆的，我们走着走着便会感受到来自彼此的言论触碰，可是，正因为世界是圆的，所以，我们需要走挺久的路才会再次碰到那样的一个说我们的人。奋斗的过程是艰辛的，我们为了实现自己的人生价值做出了很多的努力，牺牲了自己很多的时间，谁也不能干扰我们的行为，我们在努力地生活，没有谁能够有资格让我们的努力变为泡影，没有谁能够为我们的人生负责，我们奋斗的时光是我们自己的，我们需要自己好好地琢磨自己的生活，不管别人怎么说，只要问题不出在我们自己身上，那么我们就只需要按照自己的步调好好地走下去。

走自己的路，奋斗自己的人生，做好自己该做的，做好自己认为正确的事情，不要害怕他人说什么，不要担心他人怎么说，人生的路需要自己走，人生的风景自己掌握！

2. 你可以迷惘，却没资格将此作为逃避借口

我们不能忘了自己生命中最重要的事情，也不能无视生命中需要思索的存在，更不能因为对未来感到迷惘便躲到某一个角落，逃避生活给予的挑战。生命不息，生活不停，奋斗不止，接受一切，做好所有能做的。

谁的青春不迷惘？青春的我们因为年纪小、因为入世不深、因为所见所闻甚少而充满着迷惘，世界上有很多的东西都那样神奇，吸引着我们的目光，让我们在想要去琢磨的同时又感到矛盾与惘然，不知道该如何去行动，不知道该怎样去渲染，但却还是努力地让自己去知晓如何更好地面对。

每个人在成长过程中，总会遇到这样的情形：当现实与理想差距甚远，当所得与所期盼的相差甚多，当心中预期的与所获得的真实相距甚多时，我们总会感到迷惘，感到不知该如何是好，落差便会产生，生活的方向便会变得迷糊。我

们总在渴望着自己能够有一个更好的人生，让我们能够实现自己的梦想，获得自己的诉求，然而，现实往往会给人当头一棒，让我们不知道该怎么面对人生中的诸多存在。可是人强大就强大在就算知道自己并没有对于事物十分清晰的认识也依旧会有想要好好地为之付出，为之努力的思想上。

她曾经是红极一时的美少女歌手，然而，成名不久，她的公司倒闭了，她也跟着开始被雪藏，开始消失在了娱乐圈之中。

她迷惘过，她也困惑着："为什么我就成了一个被遗忘的人？为什么我就变成了一个弃儿？为什么我就不能站在舞台上唱歌了呢？前面的路究竟该怎么走？我究竟该怎么办？"带着这样的疑问，她开始了自己的摸索之路，她考电影学院，开始专攻演技，开始摸索着如何扮演一个人，诠释一个角色。她努力了很久才获得了重新踏入演艺圈的资格。她自己默默地吃了多少苦才开始了她的转型之路，终于，苦尽甘来，她演绎了女主角，获得广泛好评。

在一次采访中，她说过这样一句话："我整整 5 年没有工作，我不知道自己要干什么，我对什么都觉得很迷惘，我甚至不能好好地维持自己的生计，可是我知道我不能放弃自己对于自己的摸索，我不能逃避，我只能去面对，只能好好地去思考问题，这样的话，我才有出路。”

对啊，生活过程中，谁都不知道自己什么时候会遭受无妄之灾，谁都不知道自己什么时候会一无所有，谁也不能知晓命运会给自己带来怎样的挑战，可是，就算是迷惘，也不能逃避生活给予的所有，只有面对生活带给自己的磨难，才有可能成为自己最想要成为的人，否则若是遇到了人生中的一些让自己感到迷惘的事情就觉得自己无力承担，就觉得自己没法面对，只能逃避，那怎样才能获得自己人生的价值？怎样才能够有所成就？

有个年轻人，在大学要毕业时，他开始了自己的职业选择，可是，连番的碰壁让他开始有些迷失，他不知道自己究竟该往哪一方面努力了，他告诉父母：“我想读研究生，我现在不想工作……”于是，他又经过了好几年的复读读了研究生，在他的心中，他只要还在读书，父母就还得给予他资金，他就可以不用面对就业的压力。于是在很多同龄人都开始了自己的工作、开始用自己的钱来养小孩、赡养父母时，他还在做一个啃老族，他逃避着自己该承担的责任，他逃避着自己需要做好的事情，躲在象牙塔里，过着自己自以为好的生活。

人生若是过得像这个年轻人这样，那该是多么的可悲！

对于一个人来说，必须承受的是对于未知的生活的挑战，是对于那些自己该好好把握的生活的思索，若是世界上的所有事情都是自己知晓的，都是没有一丝挑战性的，那么这样的事情做了又有什么值得高兴的呢？因为迷惘所以逃避，那么又能在什么时候过上自己想要的生活？

我们不能忘了自己生命中最重要的事情，也不能无视生命中需要思索的存在，更不能因为对未来感到迷惘便躲到某一个角落，逃避生活给予的挑战。生命不息，生活不停，奋斗不止，接受一切，做好所有能做的。只有不畏惧前路的迷惘，只有不害怕生活的茫然，坦然地面对，毫不躲闪，毫不退让，才能让自己过得更好，才能让生活变得更具挑战性！

3. 争当主角，能当配角，不当丑角

在生活中，我们都应该拥有做主角的壮志雄心；在做不了主角时，应该以一种平和的心态，认真做好你的配角；而千万不要自暴自弃，甘心做一个丑角，沦为别人的笑谈。

在网络上有这样一句话：你不是你父母故事的后续，不是闺密故事的外传，也不是孩子故事的前篇，你是自己，独一无二的自己。我们每个人都是自己生命中的主角，是自己生命过程中独一无二的存在。然而每个人在自己的人生中会不知不觉地扮演起主角、配角和丑角的几层角色，所以，每个人要懂得什么时候，怎样当好主角和配角，而避免当丑角。

在看电影、电视剧时，我们总是喜欢那个主角，总是能够从主角的身上学到很多的东西，无论是女一号、女二号，都能让我们有所收获，其实并不是主角光环，而是主角本身的人格魅力，无论是为人处世还是对人待物总给人一种挺美

好的感觉，配角虽然不能给人很美好的感觉，却也有独属于其自身的一些魅力所在。

然而，脱离电影、电视剧等这些虚构的存在，我们来谈人生中的主角、配角与丑角，单从其字面上的意思来看是自己支配自己人生的主角，适时地充当绿叶的配角，但是绝对不做令人厌恶的丑角。

在生活中，很多人无法做自己人生的主角，原因无他，只是因为这个人无法真正地开启自己的生活节奏，无法真正地拥有自己的人生轨迹，也无法独自一人支配自己的生活，让自己能够好好地快乐地生活。

我不知道，一个人要在通往成功的道路上，披荆斩棘多少次，经历多少重考验，才能真正迎来属于他的胜利曙光。

在职场生涯中，不思进取，不想上进的人，是绝对不会有一个美好前程的。俗话说，“不想当将军的士兵不是好士兵”，在你还是一个士兵时，如果你不想着有朝一日成为威风凛凛的大将军，那么你这一生，恐怕也做不成威风凛凛的大将军了。同样的话语也适合留给不想当作家的码字工，或者不想当大领导的公司小职员。

一个人如果连未来都不敢想一下，就别提靠自己的双手去赢得这样一个未来了。

于是，成为主角，是你职场成功的第一步。

而在成为主角之前，你一定会历经许多的磨难，就像唐僧师徒辛辛苦苦去西天取经一样，而在成为一个真正有话语权的人之前，每个人其实都避免不了充当职场小角色的过程。是的，也就是我们通常所说的配角。记得小时候看陈佩斯与朱时茂合作的小品《主角与配角》，陈佩斯就曾为了想要当上主角而费尽心思，做出各种滑稽搞笑的动作，虽然最后他也没能真的实现愿望，但至少他去努力了，他有一颗不甘于总是沦为他人配角的心思。

而这样的人，即便今天没有成为主角，明日也必将做出一番大事业。

还有那些早年前不曾出名的演员们，想当初为了获得多一些的镜头，哪怕只是比以往多上几句台词，也都使出了浑身解数，记得有位明星在成名后就曾坦言，自己当年也曾想出各种招式，方便自己向主角的光芒靠拢。“功夫不负有心人”，终于在某个时刻，他接到了有生以来非常重要的一部戏，算是真正地当上了一回人生的主角。

其实，想要当主角的人，都能很好地当好配角，因为他们心里明白，只有把目前手头的角色扮演好，才有机会更上一层楼，而一个付出所有认真对待人生的人，我坚信上苍也是不会亏待他的，必定会在某个合适的时间里，给他想要的一切，只要他肯坚持。

配角可以当，但是有一种角，却坚决不能当，那就是丑角。这个丑角，并非传统戏剧里所设定的那个角色，而是一种不好的，甚至是在道德品行上有污点的角色。是的，丑角的存在或许就是为了给人以警醒。

做丑角的人，或许是牺牲了自己的品行，做出了一些违反社会道德的事情；或者是出卖了自己的灵魂，做了违背自己意愿的事情，总之，丑角是不好的，是万万不能当的。

说到底，我们每个人在社会这个大团体中都扮演了一个角色，甚至在我们的每个小团体中（家庭或是单位）也都有各自所要承担的角色。对于家庭来说，你的角色可以是父亲、丈夫、儿子甚至孙子。在每对亲属关系中，需要你做配角时，就要好好地履行自己的职责，从而带领一家人很好地渡过难关。

我的一个学弟，就曾因为进入一家公司连续几年都得不到领导的提拔而深感苦恼。直到有天，他决定辞职，他以为换家公司就能改变眼前糟糕的状态，但是他错了。其实领导是有其良苦用心的，他是希望这个年轻人在早期不要过分地看重金钱，而是扎扎实实打基础，学好最基本的技能，并且领导还告诉他，如果过几年他始终可以保持这样良好的状态勇猛精进，那么技术部经理的位置，一定是会留给他的。

学弟最终明白了一个配角的重要性。虽然他暂时没有成为一个部门的核心人物，但是在这段不太繁忙的时期，他恰恰可以沉下心来好好地领悟一些东西。

在生活中，我们都应该拥有做主角的壮志雄心；在做不了主角时，应该以一种平和的心态，认真做好你的配角；而千万不要自暴自弃，甘心做一个丑角，沦为别人的笑谈。

4. 实力够了，就可以做自己想做的了

我们努力地开始自己的生活，不仅仅是生活本身存在的价值，更是对于一个人来说，原本就有属于自己的价值所在，什么样的道路可以让自己发挥出属于自己的人生魅力，什么样的人生能够让人享受自我人生的乐趣所在。我们必须要做到，想做部下那就好好做，不想做部下时，果断地自立门户，做自己的主人，做好自己想做的，做到自己能做的！

一个星期前，我的好朋友忽然告诉我她正在筹划着自立门户，她已经看好了市场，也已经做好了各项踩点和谋划。我好奇她忽然自立门户，便问："在单位做得那么好，你怎么忽然就要自立门户了呢？你领导责骂了你什么吗？"她笑了笑说："我只是不愿意再在别人手下干活了，我想自己做自己喜欢做的事情。这样会更有成就感一些。更何况，我们做市场的，总不可能一直在别人手下干活，总要找一个机会

自己做自己的事情。不然的话，我们一辈子就一直为他人做嫁衣了。”

对啊，每个人在每个阶段里都有其不同的想法，每个阶段都有其既定的任务和生活的重心，因此每个阶段也都会有独属于自己的不同生活方式。

刚刚毕业的普通大学生，年轻，但对于社会生活没有多少经验，更没有多少资本来自立门户，所以这个阶段的人往往会选择找工作，找在别人手下干活的工作，找那种可以累积经验、可以让自己学着成长、学着变得更能干的工作。或许，他们只想找一份能够暂时让自己脱离父母的庇佑、自食其力的工作，让自己可以跨越孩子阶段，走向成熟与独立。

每个人都会经历一段摸索的阶段，都会经历生活或者职场的蜕变过程，这个过程有时候就像是破茧成蝶，需要一定的时间，也需要一定的精力，需要有那么一段自我角逐的挣扎。我们在他人手下干活，承受着的无非是他们对我们的要求，是上司对于下属的要求，是领导对于下属的指点，面包是有的，压力也是有的，自由却并不常见。因而有人并不愿意一直都当下属，有的人在深思熟虑后选择自立门户。

自立门户并不是一件容易的事情，但要想做起来也并非十分困难，当人们认清了自己的思绪，认清了自己的选择时，明白了做自己想要做的事情会有怎样的一个决断时，人们或许就可以果断地选择自立门户。这需要勇气，但也需要能力。

我们都在生活过程中会想着好好地去钻研属于我们的生活轨迹，我们都希望自己能够让自己过得更加满意，都有属于自己的思想和理论圈子。在做某一件事情时，我们会思考，会正确地采用更适合自己的方式来做自己想做的事情，也会告诉自己怎样用最好的办法来获取自己不再做部下的机会。如果想要自立门户，如果不想再做部下，那么，积累自己的实力让自己能够做自己的人生主导，让自己可以哪怕自立门户了也能够潇洒地生活。

都说不想当将军的士兵不是好士兵，不想当领导的干部不是好干部，不想当老板的职工不是好职工。我们努力地开始自己的生活，不仅仅是生活本身存在的价值，更是对于一个人来说，原本就有属于自己的价值所在，什么样的道路可以让自己发挥出属于自己的人生魅力，什么样的人生能够让人享受自我人生的乐趣所在。我们必须要做到，想做部下那就好好做，不想做部下时，果断地自立门户，做自己的主人，做好自己想做的，做到自己能做的！

5. 说“我想”的下一秒，你得有底气说“我能”

想了就去做，说“我想”时，记得要加上我“能”，如果我不能，那至少也要努力地去做，让自己从不能变为能，否则多么好的想法也会毫无价值。

有人说，人生的悲哀是想得太多，而做得太少；也有人说，人生的悲剧在于想做的和能做的往往不在一条轨道上，偏离的程度太远，导致无法实现自己的想法；还有人说，人生的可比性在于有的人想了，可以去做，并做好了，而有的人想了，却不能去做，更别提做好。

我依旧记得大学时，曾参加过一个“狂人英语”培训班。

为了提高口语，也为了检验我们参与人的实力和对待外界事物的能力，培训班中有许多课程安排着互动。记得有这样一个环节，是授课老师让我们学员自己想主意，用最有意思的点子来赢取班上其他学员的注意，让自己能够获得一份额外的奖励。老师让所有学员都以“我想”开头来开始自己的演绎。

“我想什么呢?”我的思想游离在他所描绘的事情之外。我觉得或许这又是一个陷阱，因为在这培训过程中，我经历了很多次陷阱。但是，我必须想，不去做可能会有惩罚。

于是，我想到了一些主意，等待着老师问及，然后再去做。然而，老师似乎忘记了这个事情。下一堂课，他便开始了新内容的讲解。我以为他就开了一个玩笑，便没有理会。有的学员们在做着他想的事情，赢得了好几个笑脸。第二天课程结束后，老师问：“昨天你们想的事情，做了的有多少？能做好的有哪些，举手示意一下?”

寥寥无几的举手学员，在我暗自窃喜时，老师说道：“我们如果想要改变自己此刻的样子，就必须要做好一种准备：当你开始说我想时，下一秒就该要说我能。只有你想到了做某一件事，你又能去做这件事，你才有可能真的将这件事情做好。若是只是想，那些想法都未付诸实践，都不能去做，那不跟做梦一样，只是想，没有行动，不能做，依旧一事无成。”

是啊，哪怕你的脑子中有多少的主意，哪怕你想了多少种办法，你没有付诸行动，没有把你想的变成你能做的，所有的一切又有什么意义呢？所有的想法不还一样在你的脑子里，没有其他的人知晓，没有其他的人能够为你做你想的事情，又或许有你说出了你想做的是哪一件事情，但是你没能去做，让别人听到了，去做了，那么他人就占有了先机，那么他人就比你更具有优势，那么你的所想还有多少的价值呢？

在当今世界，创新与创造相当关键，也极为重要，就像是一个发明，若是在某一刻想到了如果更好的改进，便可以得到更高的效益，那么人们为什么不去做好这个改进？想到了的事情不去做，那这样的想法又有什么意义呢？

某单位宣传中心前不久有一位职工将近段时间需要展览的内容与宣传中心的主任讲述了一遍。他的意思是在我们单位推广这样的一种方案，开一个现场会，让上级领导来检查，并赢得领导们的赞扬。主任那段时间事情有些多，便说："你先好好想想，怎么弄，想好后，你就策划着去做吧！"主任将事情的主导权交给了那职工。可是，职工却没有好好地领会主任的话，他只是想了，将方案弄出来，将需要展览的内容都在电脑中设计好了后，便去忙自己的事情了。

一个月后，宣传中心的主任被邀请去邻县参加现场会，他们展览出来的内容与我们的那位职工所说的相差无几，而且整个现场会还存在着好些不完善的地方。主任心中有些不快：这个想法是我们的职工先想出来的，他怎么一个月时间了还没有将最后的定稿拿过来呢？叫人抢了先，自己就不能有更好的进展了！

主任回到单位后，叫来那个职工："你怎么回事？不是一个月以前就想好了主意了吗？怎么还没有做好？你不能做的事情你早点反映，我去协调，现在好了，别的县做了，我们再做就没有意义了，别人会认为咱们抄袭他们的！你想了就去做，想了如果不能做就反映，不然有个好点子也被糟蹋了！"

想了就去做，说"我想"时，记得要加上"我能"，如果我不能，那至少也要努力地去做，让自己从不能变为能，否则多么好的想法也会毫无价值。人生中有很多时候，需要人们有这样的魄力，既然想到了，那就试着去让想到的东西变为能触及的东西，让想到的东西变为能够做到的东西，这样的话，人生便会多些趣味性，生活也会多些可塑性。我们能够想到的事情，要是可以做到，那就尽量地让事情变得能够触手可及，要是暂时不能做到，想到了，便将它一点点地改善，改善成自己能够做到的！如此一来，我想就不单单是"我想"了，"我想"便能够慢慢地变为"我能"！

6. 不要做别人的替罪羊，你的责任你来扛

谁的责任谁去担着，谁惹的祸谁去付出努力，谁去弥补，我们自己做好自己的事情，承担起自己该承担的责任与义务，不做我们承担不了的事情，也不让他人将我们的生活颠覆，这是我们人生在世需要铭记的一个道理：我们的人生并不长，我们所做的事情也并不多，可是我们必须要有一个决心，让我们可以自己做事自己担责，他人的罪过他人自己负责，不做谁的替罪羊，生命不能被辜负。

每个人都有自己的责任，有自己的担当，每个人在生活过程中都难免会犯错，而有的人却会遭遇当别人的替罪羊的境遇。这个时候，人们会愤怒，会委屈，会难过。人们需要一种能力，让自己可以在工作、生活中不做他人的替罪羊，是谁的责任就由谁负责，该是谁作决定的事情就该谁来决定。

前不久，好友告诉我，他单位里的一位老职工被开除了。

我表示很诧异，因为据我了解，一般情况下，她这样的工作单位一般不会将人开除，更何况是开除一个有25年工龄的老职工。

好友说："他自己给自己找事情做，我们也没有办法。我们的领导让我们所有人表态，看是否保他，如果保他的话，那么以后如果他再有这样的事情的话，我们就要承担责任。可是，问题是这已经不是第一次担保他了，这是第三次，都说事不过三，他这一而再、再而三地挑战我们的忍耐性，每次担保他，他又故态重发，他觉得我们真的是替罪羊呢!"

"那不是挺没有人情味的，他好歹也在单位里工作了几十年了，这样是不是特别不好?"我问道。

"我们没有义务为别人犯下的错误埋单，谁做的事情就谁来承担，我们不是没有为他埋过单，可是换来的不是回报而是一再犯错，这不是让人扛他的责任吗?我可不要做谁的替罪羊，做了一次或许人家念你的好，可是一直当替罪羊的话，那就是愚蠢了。"

生活过程中，我们会碰到一些人，他们犯下的错误忽然地被转移到了你的身上，好脾气的人或许会忍下一时，想着就这样，没事，不会对自己造成多大的影响，也不会造成自己多大的损失，然而，为什么要惯着这样的人一直做这样的事情？每个人的信誉就是那么多，在别人眼中，你原本就有属于自己的生活，你有自己的责任，你有自己需要承担的事情，如果你有自己的生活需要担当，还总是给他人当替罪羊，那么你将来有困难时又将如何自处，你是否会被不知情的人将自己一票否决？

曾经听过这么一个真实的故事，有一个女孩，从学校到社会，她似乎都是他人眼中可以代替自己受罪的那种人，有的人做错了事情，不会想着自己去承担，而是直接地把问题甩给她，并让其他的人相信这个女孩就是那个犯了错误的女孩，渐渐地，这个女孩成为一个替罪羊，她就算是并不曾有什么错误，他人眼中的这个女孩子也是一个劣迹斑斑的女生，在学校期间，她哪怕成绩优异，也会因为时不时地出现差错被扣除了许多的综合测评分，档案中还被记有好些过错，到了参加工作时，她在工作岗位中也被人看出来她的不敢反抗，不会维护自己的权益，她渐渐地被领导不喜，领导说："一个不知道如何爱惜自己的人，不知道如何做好承担自己的责任的人，如何能够在我们单位做好重要岗位？"

生活有时候就是这样，你一味地忍耐或许得不到他人的多少好评，反而落得个懦弱怕事的名声，当自己不停地成为一个劣迹斑斑的存在时，自己的话语便没有什么价值，一再地被当成一个替罪羊，这个人也就渐渐地开始更为懦弱，开始不再有其魅力，不把责任当成责任，也不将担当当作担当。可是，如果这样，在人间走一趟的意义何在。

前不久，看了一则新闻，说是一外国男子含冤入狱 20 年后，终于沉冤得雪，放出监狱。在接受采访时，记者问他："在监狱的 20 年来，你是如何做的？你怎么让自己坚持下去的？"他有些哽咽地说："我只知道自己没有错，我不想当别的杀人犯的替罪羊，我就不承认我自己有罪，如果是我自己杀的人，是我自己做错了事情，那么我一定不会推卸责任，可是，我没有，我对得起我的良心，我不能承认，我就跟狱警抵抗，我不做任何他们要求犯人去做的事情，我不怕他们对我做什么要挟，我想着我总有一天要出去的，如果我做了这些事情，那就说明我是有罪的，我不想承担不属于我的责任……"

是的，对于这个男子而言，哪怕他已经全力地去抗拒当他人的替罪羊了，哪怕他已经全力地去证明自己的清白了，20 年的光阴也让他损失了很多，他的妻子、他的孩子、他母亲、他的事业，当他从监狱里出来时，已经都变了样，他不再是那个而立之年的青年，他已经有些白发了，他为了那莫须有的罪名承受了太多，如果一直承受着罪名，那么，或许他的遗憾还有更多。

谁的责任谁去担着，谁惹的祸谁去付出努力，谁去弥补，我们自己做好自己的事情，承担起自己该承担的责任与义务，不做我们承担不了的事情，也不让他人将我们的生活颠覆，这是我们人生在世需要铭记的一个道理：我们的人生并不长，我们所做的事情也并不多，可是我们必须要有一个决心，让我们可以自己做事自己担责，他人的罪过他人自己负责，不做谁的替罪羊，生命不能被辜负。

7. 不要计较一时的得失，要关注长久的成败

每个人都有生活的着重点，每个人都可能会得到、会失去，但是，阶段性的得与失对于一个人来说并不算什么，只要人们能够从每一次的得失中看到自己的弱势，总结自己该往哪一方面努力，便能够获得自己人生中的一份宝贵的经验。

生活是一个日积月累的过程。每个人在生活中难免会有这样那样的得与失，每个人都有其独特的生活方式、行为方式和思考方式，生活中的每一个人都有其不得不强调的重点和所知、所感——有的人对于自己的生活有明确的规定，有的人对得与失很是看重——无论是短期的获得，还是短期的失利，对于他们来说，都是重要的。然而，生命几十载，并不短，若是为了一时的得失而忽视了长久的成败，那无疑是一种失败。

一个孩子的成长，教育的成败并不在于孩子年幼时能够

获得多少名誉与奖励，也不在于这个孩子是否能够赢得赞扬或者批判，在于这个孩子能否长大后变得优秀——有一个属于他的人格魅力，因为孩子的成长并不是一时一刻获得成功或是品尝失败，而是在其成长过程中能够领会道理，能够健全人格。因而，对于培养孩子，不应计较一时的得失，而应关注长远的成败，而为人处世、为梦想奋斗也是一样的道理。

读高中时，为了能够考一所好学校，我们在老师的要求下、在父母的期盼下、在自己的苛刻下，开始了题海战术，每一天都不停地在稿纸上算写着某一个数学推断题，每一天都在研究着怎样判断物理电路与力的分析，每一天都在哇哇地朗读着语文、英语，而每一周都会来一场考试，甚至几场不同的考试，每个月都有月考有排名。

我高三时有一段时间考试的成绩很差，每次考试都提不起劲来。成绩差了，我便容易被叫家长，容易被班主任老师耳提面命。其实，因为自己的成绩下滑，我感到挺难受的，因为很在意自己已经有两次没有登上全校前 30 名了。

班主任老师说："每月月考挺重要的，可是一两次的失利并没有什么，谁都会有失利时，你不要太过在意现在的情况，你要放眼长远，你要总结现在的经验，要好好地思考你自己的问题出在哪里，不要对以往的过失太过计较，只有多向远处看，才能够赢得自己的未来。”

听了老师的话，我才知道自己被困在哪里。其实，我的实力并没有减弱，其他人的实力也没有增强到哪里去，只是我太在意已有的得与失，太在意现在的失败而忽视了自己需要努力的方向。这个忽视让我无法保持一个更为平和的心态来面对生活中的很多事，这也让我无法冷静地为现在和将来要面临的问题做出一个分析。

人非圣贤，孰能无过？每个人都有生活的着重点，每个人都可能会得到、会失去，但是，阶段性的得与失对于一个人来说并不算什么，只要人们能够从每一次的得失中看到自己的弱势，总结自己该往哪一方面努力，便能够获得自己人生中的一份宝贵的经验。

为了长久的成功，为了能够让自己的未来更为美好，忍一时的失利，忍一时的失去，忍一时的无奈，就像韩信受胯下之辱，越王卧薪尝胆一样，只要还有未来翻身之战，只要此刻的容忍、此时的失利能够换来未来的胜利，能够换来未来长久的安稳，那么就算失去那点尊严、失去自由、失去金钱甚至受到皮肉之苦、精神上的摧残又如何，未来的成功，未来的天下由我说了算，无所谓此刻的失利，此刻的得失，因为还有很长的路要走！

生命的旅途中，谁能够一帆风顺地赢得所有一切，谁又能一点也不失去地得到所有的一切？谁的长久成功是没有一点波折的？人生既然不存在绝对的、纯粹的一帆风顺，那么就让人们好好地从每一次的得失中领悟人生的真谛，从自己的生活中开始自己的长久之战，从自己的每一次旅途中赢得属于自己的人生光环。

生命中的每一个阶段对于人们来说都是具有其特定的意义的，哪怕是失败，哪怕是失利，哪怕是失去都具有其特殊的意义。人们有多少的心思放在自己的事业中，就该孕育多少种心态来对待人生的多变，对待人生中的那些得与失，不要过于计较曾经的得失，要将眼光放得更长远，要让自己能够过得更好，要让自己的生活、自己的成功更长久！

第三章

生命自有精彩，你只需负责努力

人活着就是一种修行，幸福、快乐、痛苦都蕴含其中。谁都希望未来的生活更美好，谁的未来都是由自己创造。既然我们渴望美好的未来，就要深信生命自有精彩；既然我们希望实现自己的梦想，我们就要义无反顾去奋斗。

1. 人生是一场不断享受美景的旅行

世界有太多的美景等待着我们去发现。每个人的生命中都有属于自己的亮点需要去采集。看到人生中的美景，享受这个旅行的美好，是每个人在生命中需要尝试着去践行的存在。

在微信群里，我发现了一件很有意思的事。

前不久，宋慧慧去伊宁玩了。她去了很多地方，却没有拍很多的美图，只是想起来时便发了几张图片在空间里，告诉大家这是路标。

宋慧慧酷爱旅游。她大江南北地四处跑，但并不盲目跟风地去某一个景点玩，即使去了某个十分著名的风景区，也不会像其他人一样，只在那有名的景点处留影，而是会一个人发现不同的景色，拍下不同的风景——风景中不一定有她，却一定有她认为的最美景色。

她这种与众不同的旅游方式，引起了我的好奇。我在微信里给她留言："美女，你每次出去玩，不把自己和景色留在一起，那么出去的意义何在呢？风景区的景色那些著名的点你不拍，谁知道你去的是哪里？这样的旅行有什么意义呢？"当然，我是从大众游客的心理角度去问她的。

"你这样说，那就不对哦！我认为人生就是一个享受美景的旅行，不管我去哪里，首先一点，我是去享受的，去看美好的一切，看我从来没有见识过的风景的，我不停地利用闲暇的时光行走，不停地感受美好的风景，这些风景在我眼中、在我脑中形成了美妙的画面，让我觉得生命不虚此行！"过了不久，她在微信里给我回复过来。

她的话让我感到震惊：原来，在她的眼中，人生是这样的一个存在，旅行不是为了炫耀什么，而是为了让自己不断地享受各地的美景。我给她那样留言，显然是低估了她对旅游理解的层次。

是啊，每个人都在为自己的生命变得更有价值而努力奋斗着，每个人都有自己对生命的定义和对人生的看法。我们都思考过如何让自己过得更好，都想过要让自己过上自己所期望的生活，都希望自己能拥有一个更为美妙的人生，但是，很多人不知道，其实自己身处的地方或许就是他人眼中的美景，只是我们自己没有这样的感觉，没有享受周边的一切美好而已。

有个好朋友出国了。他去了阿尔及利亚，是过去做中国援建项目的。对于我来说，阿尔及利亚是个陌生又熟悉的国度。因为阿尔及利亚经常在电视中被提及，是个非洲国家，时不时地出现硝烟与战火，世界上各种势力在那里明里暗里展示着自身的影响力……

朋友的非洲之行，让我感到极为担忧。我对他说："不然，就回来吧，你去非洲，倒不如在中国内地某个大城市找个工作……至少，你在非洲语言不通，在中国内地，你都能进行最基本的交流……哪怕是大西北的某个城市，景观也比非洲强得多啊……"

他笑了笑，说："其实到哪里都是一样的！我把这当作人生的一种修行。我在这里修行，我看到这里的风景；你在那里修行，你看到了那边的风景。在国内，你看到的是祖国的风光；在这里，我可以看到非洲的景观。虽然这里有战争，虽然有时候伴随着枪支弹药爆炸声入睡，但我觉得只要这里还有阳光在照射着，这里就有值得我去享受、值得我去追求的东西。我把这里也当作我人生中一个美好的旅程——我人生之路上的修行。这里的风景很美。我前不久还去了撒哈拉大沙漠，看到了沙漠玫瑰……”

朋友的话充满了哲理，也充满了乐观：我总将生活看作是一场斗争，一场与自己的斗争，一场需要自我付出很多的斗争。在生命的过程中，我都在承受着生活给予我的许多东西：生活的压力，工作的压力，人来人往的压力，对于家乡亲人思念的情绪等。我发现自己很少有朋友那样的心态，将自己的人生看作一场享受美景的旅程，哪怕走得再远，哪怕孤身一人，也觉得是一场享受——因为享受，所以快乐，因为享受着美景，所以看不到忧愁与乌云，因为享受着自己人生的旅行，所以不会觉得生活枯燥和无聊。

有时候，我难免会想这样一个问题：人生需要增添点怎样的色彩才会更美好呢？有时候，我会对自己现有的生活感到不满，总觉得自己的人生似乎已经定了性，变得不那么美好了。但是，我想想朋友的那番话后，蓦然醒悟，发现其实一切都是自己的心理在作祟——我们有属于自己的生活轨迹，我们的人生是自己一步步地走出来的，每一条路上都有精彩的画面，每一条路都刻画着我们生动的形象，每一条路都显示着我们对于生活的憧憬，每一条路都给予着我们未来的希望。

人生是一场修行，也是一场旅行，我们要学会享受人生旅途中的美好风景。世界很大，也很美。世界有太多的美景等待着我们去发现。每个人的生命中都有属于自己的亮点需要去采集。看到人生中的美景，享受这个旅行的美好，是每个人在生命中需要尝试着去践行的存在。美好的人生，需要我们有懂得欣赏的心，就像人生的旅程一样，需要有懂得享受美景的眼睛。

2. 每一个现在，都连接着你的未来

每一个现在都关系着未来，现在的每一个努力都有可能对未来产生影响。很多时候，我们总觉得今天不努力，明天努力也是一样的，然而，现在需要做的事情与下一刻需要做的事情是两回事，如果没有把握现在这一刻需要做的事情，下一刻或许就会有所改变，而未来也将随着发生改变。

很多人都在期盼未来。未来会怎么样呢？未来的自己究竟能够变成什么样子呢？未来是否值得自己期盼，又是否能够满足自己对于生活的所有憧憬？未来似乎很神奇，也很抽象。因为谁都不知道自己的未来会是怎样的，谁都无法理解未来到底意味着什么。就像小时候，我们期盼着长大，似乎长大了就可以获得小时候憧憬的每一样东西，似乎长大了就能拥有自己所期盼的每一个美好，但是，我们长大后却发现，其实长大也不过如此，还是要不停地努力。

刘路易是我认识的一位翻译者。他来自法国，在北京留学，后来留在北京，专门从事英译汉、法译汉工作。刘路易工作认真，兢兢业业，找他翻译书稿，他都会按时高质量地完成。因此，每次与刘路易合作，我都情不自禁地给他点赞。

合作了几次，交流渐渐多起来，我对刘路易的了解也多起来。刘路易从小在法国长大，学的是法语和英语，直到2009年，他才开始学习汉语。对他而言，汉语里很多地方话、俗语、名言警句，学起来都不是很轻松的事情。但是，他爱上了学汉语，并持之以恒地学习汉语。来中国后，他为了更好地学汉语，更好地理解汉语里很多地方话、俗语、名言警句的意思，他不仅深入北京大街小巷去体验语境，还抓住一切机会翻阅字典，及时搞清楚他遇到的“新词”“新句”“新说法”的确切意思。

初次跟刘路易见面时，他说一口流利的普通话，让我对他刮目相看：一个老外能在短暂时间内，将汉语说得如此流利畅通，且能够融会贯通，实在不容易。

有一次交流时，我发现刘路易随身带着一本词典，与我交流时，还不时地翻阅一下。我得知他几乎天天要翻词典学习汉语时，略带好奇地问他：“刘路易，你的普通话水平已经非常高了，每天都这样努力干什么呢？你已经这样优秀了呀!”

他摇了摇头，一本正经地说：“不是这样的。汉语有许多内容我都不懂，我想现在努力一点，将来就会好一点。每一个现在都关系着我未来是否美好，现在不做好，未来怎么办？我还想在中国做我的事业呢……”

刘路易的话，让我由衷地佩服。我情不自禁地给他竖起了大拇指。

大约两个月后，刘路易打电话给我，说他办了一个翻译社，邀请了业内的一些朋友去参加开业庆典活动，希望我能去。参加庆典时，我发现参加活动的有很多业内的名流和资深人士，不少资深人士当即表示愿意与他的翻译社进行战略性合作……

短短几年时间，刘路易从一个不懂汉语的外国人，到一个在中国开翻译社并获得很多出版业内朋友认同的外国创客，这里面的点点滴滴都是他努力的结果。因为他的努力，他的汉语水平无论是深度还是精准度都令人称赞，因而在将其母语翻译成汉语或者将汉语翻译成其母语时，他能够精准而生动，从而打动读者的心。如此优质的翻译作品，怎能不打动读者的心呢？这样做翻译社，何愁生意不好呢？

每一个现在都连着你的未来。你现在有多努力，付出了多少，未来就会收获多少。罗马不是一天建成的，万里长城也不是一天就有的，一砖一瓦的堆砌，可以让现在看起来并不起眼的建筑在未来能成为宏伟壮观的大厦。

人们总想，这一天、两天或许没有什么大不了的。这一天、两天或许并没有什么值得我们去寻思的。但是，未雨绸缪终归是好的。因为，我们现在所做的每一件事其实都跟未来有关。在展望未来时，我们是否该记住在人生旅途中很多存在之间都有必要的联系，曾经、现在、未来看似并没有多大的关联，却在其本质上有极为重要的联系。

哲学里讲质变量变时说：量变是质变的基础，质变是量变的最终表现。这个概念似乎很抽象，与我们的生活不沾边，但我在习字过程中真切地感受到了这点。

起初，我练毛笔字是源于父亲批评我字写得太差。当时，我决定好好练一练字，写出一手好字，让父亲看到“他对我的预判是错误的”。

可是，当我提笔时，我发现自己写出来的字太过难看。我不甘心自己写的字连自己都看不下去，便一天花一个小时练习。刚开始，我并没感觉到自己写的字有何进步。我有些泄气，但却不甘心，还是继续一天天地练习。

一年后，当父亲看我写的字时，他赞许的目光让我忽然意识到或许我的字已经写得比以前好了很多。

果然，父亲说："字写得不错，一年来没少用功吧！"我得意地笑着说："那是，我每天都写字，每天都在练习着呢！"父亲又说："我前面说得对吧！每天都努力一点，把握每一个现在，你或许会看到一个完全不一样的未来，就像写字，你以前总不当一回事，总觉得一天练一会儿字不会有什么效果，可是每一个现在都与未来有密切关系，你把握了每一个现在，未来的字也就不一样了。"

每一个现在都关系着未来，现在的每一个努力都有可能对未来产生影响。很多时候，我们总觉得今天不努力，明天努力是一样的，然而，现在需要做的事情与下一刻需要做的事情是两回事，如果没有把握现在这一刻需要做的事情，下一刻或许就会有所改变，而未来也将随之发生改变。

每天的一点点进步汇集起来就是大的改变，每天一点点的浪费汇集起来就是大的浪费。未来究竟会是怎样的一个色彩，需要我们每个人都用心去领会。我们做好每一个今天，做好每一个现在，就会有一个美好的未来的！

每一个现在，都连着你的未来。让未来更美好，让未来更精彩，那我们就先让现在的每一刻都变得更有意义，让现在的每一个时光都不再虚度，让现在的自己充实起来、优秀起来。

3. 本职工作之外，也有别样的精彩

我们很多人因为种种原因不能脱离本职工作的束缚，因为种种原因不能在本职工作之外找到生活的快乐。其实，并不是在你本职工作以外就没有精彩，而是我们将自己束缚了，将自己的心锁在了单一的步调上，导致无法获得心灵上的满足，或者无法获得渴望的成就感和存在感。

在生活中，我们每个人都有追求，都想要自己的生活变得更加精彩。然而，由于生活的逼迫，由于工作的压力，我们总是很难把握好一个度——一个能看到生活中别样精彩的度。因为，我们总是将自己囚禁在一个固定的圈子里，不知道自己该往哪儿去看更精彩的世界，也不知道自己该如何改进自己的生活，在工作之外看到别样的精彩。

前一段时间，我去了一趟深圳。我本意是去深圳进行一次商务谈判，拿下 8 月份的最后一个订单，但是，去深圳谈

判之后，我接触了一些人，他们让我改变了对工作的看法。

我有个同学在深圳一家外企工作。听闻我到了深圳，他邀请我去他家。去了他家，我眼睛一亮：他家书架上有许多英文、管理类书，还有很多文学著作和小说传记。在书桌上，摆着的是一本他最近正在看的《世界通史》。

此君的专业是学外贸的，大学时难得看到他读书的——除了考试前两个星期抱佛脚啃教材外。我笑着问他："你现在没事看这个啊？你一个从事外语经贸的人看这样的书做什么？"

"是啊！"他大概也看出了我的惊讶，笑着说，"只准你们搞文字工作的人看啊……"

"哪里，哪里……"我笑着解释说，"我是觉得，这里面的东西，有些深奥难懂，更重要的是，跟你从事的工作没任何关系……"

"呵呵，没关系是没关系，但是，我现在发现历史书挺有意思的！我现在才发现，你为何当初喜欢看这类书。这类书能启发人。在自己的本职工作以外，将看历史书当作一门兴趣，收益还是非常多的……再说，我们如果除了工作，穷得连兴趣爱好都没有，那谈何幸福啊？人生中那么多有趣的事情，把自己局限在自己的本职工作之中，那不是太傻了吗？

那不成为工作机器了吗……”谈到看书，他的兴致一下子来了，滔滔不绝地讲了半天心得。

我被他的话震慑住了，似乎在我开始工作以来便不再将自己的心往别处放了，总是想着如何将本职工作干好，每天忙着研发选题，每天想着寻找优质作者，想着如何将书稿做得更符合读者的口味，想着如何做好宣传文案提高销量，赢得自己的奖金，此外的一切似乎都不在考虑范围之内的了。

看到好友从不爱读书到酷爱读书的蜕变，看着如今事业小有成绩的他，我忽然意识到，自己几年来都没有看过除去自己业务范畴以外的书，都没有一点点兴趣爱好的东西。难怪弟弟妹妹们都觉得我不够时尚，太过刻板……

此时，无论事业是否走向成功，毫无疑问地，我的生活已经不知不觉地走向了失败——为生活而生活，没有自我的生活。我将自己的生活局限在了本职工作以内，没有想着要扩宽自己的道路，也没有想过要如何将自己的兴趣爱好与生活素养打开。我就是在做着一些看似复杂其实做起来单调的事情——这些事情在工作了三年后便已经不再需要我自己去好好地掂量。可是，我竟然到现在还做着自己的本职工作，一点都没有长进——怪不得我老觉得生活有些无趣，原来是我从来都没有在自己的调子上，从来都不曾真正地看到过这世界的宽大，看到这世界的美好。

在人开始自己行走、开始独立时，每个人都有自己的本职工作要做，每个人都会为了生活做着自己的本职工作。然而，有的人会在本职工作之外更关注自己的生活情趣，从各个方面充实自己的生活，让自己的生活能在本职工作之外变得更精彩。

邓婷婷是办公室文员，专门负责撰写稿件与信息。这样的工作，就其本身来说，并不是一个多么麻烦的工作，也不是一个多么忙碌的工作。

可是，我每次给邓婷婷打电话时，发现她总在忙，不是参加了单位里的舞蹈比赛，就是参加了单位里组织的演讲比赛，不是组织开展单位的体操比赛，就是下乡走访。总之，她闲不住，总在不停地走着，总不停地在各个角落留下她的印记，让更多人看到她的身影，体会着生活给她带来的充实。

看到她每天都很忙碌，我曾笑着对她说："你一个女孩子，让自己这样忙碌做什么？做好本职工作就好了，不是吗？反正又没有任何的生活压力，为什么要让自己这样忙？很有趣吗？"

不料，她很认真地回复我："我认为，我现在的生活很精彩。你不知道啊，我的本职工作很单调，也没有什么技术含量。可是，在本职工作之外，我能做的很多。我看到了这一点，便将其运用起来。我就可以过得很精彩。对我而言，这样的生活很带劲！有成就感！有存在感！”

对于每个人来说，只要能够看到自己本职工作之外的世界，只要有勇气在自己的本职工作之外找到人生的动力，那么这个人就是会生活的人，就能够体验到生活中更多的精彩。而事实上，能让自己在本职工作之外过得精彩的人，是懂得如何更好地运用时间的人，是善于从生活中寻找到成就感和存在感的人，也是最容易过上理想生活的人。

我们很多人都因为种种原因不能脱离本职工作的束缚，因为种种原因不能在本职工作之外找到生活的快乐。其实，并不是在你本职工作以外就没有精彩，而是我们将自己束缚了，将自己的心锁在了单一的步调上，导致无法获得心灵上的满足，或者无法获得渴望的成就感和存在感。

在生活中，每个人都需要有一面镜子，一面能够反映自己现有状态和渴望生活状态的镜子，让自己能在生活中更好地领会生活的美妙，能够让自己哪怕已经有的工作状态之外拥有一个更为精彩的人生，获得更多来自生活中的成就感和存在感。毕竟，人们需要在生活中给自己更多的乐趣，除去工作，除去自己的生计所求，应该让自己可以获得生命中的精彩，让自己可以拥有自己的美好人生。

4. 人生最大的贵人就是你自己

每个人的路终究是要自己走的，每一条路终究都是自己的路，每个人生命中最大的贵人终究是自己。因为只有自己坚持了，只有自己努力奋斗了，我们才能够真正地获得我们人生中的财富，化解我们生命中的那些坎坷、那些艰辛，才能将我们的人生变为自己的人生。

我们每个人都有自己的理想，有自己想要感谢的人。在自己克服了某一个困难时，很多人都会去感谢那些在自己困难时帮助过自己的人。但是，许多人都忘了其实每个人的人生中最该感谢的便是自己，因为自己才是自己的贵人——只有自己能扛得住人生中的每一个坎坷与艰辛，打破一切界限，让自己能变为自己想要成为的人。

郭亮去年生了一场大病，他几乎与死神擦肩而过。在他生病期间，有很多朋友、老师和亲人都给予了他很大支持——有的给他捐钱，有的给他输血，有的给他言语及精神上的支持。

郭亮几进手术室，每一次都是与死神在斗争着。每次出了手术室，他都感觉自己又获得了一次重生。

在郭亮彻底痊愈出院时，他对所有人都道谢——谢谢一路走来那么多人在帮助他。当他谢到班主任老师时，班主任老师说："你其实只需要谢谢你自己，感谢有那么坚强的你，让自己可以从这困顿中走出来，要感谢你自己的努力，让自己能够与死神作斗争，要感谢自己的能力，让自己可以跨越生死障碍。你的贵人是你自己，你要感谢你自己。"

我们每个人在生活中总会遇到各种各样的贵人——他们或许在物质上帮助我们，或许在精神上鼓励我们，或许在行动上支持我们，或许在前行的道路上扶持我们，我们应该感恩，应该铭记。但是，每个人的路终究是要自己走的，每一条路终究都是自己的路，每个人生命中最大的贵人终究是自己。因为只有自己坚持了，只有自己努力奋斗了，我们才真正地能够获得我们人生中的财富，化解我们生命中的那些坎坷、那些艰辛，才能将我们的人生变为自己的人生。

在生活中，我们往往容易忽视自己的力量——我们如何行使自己的权力，如何用自己的努力促使自己更好地完成自己的使命。其实，我们每个人都是一个小太阳，每个人都是自己人生的主心骨。我们只有自己认可了自己，才能够在困顿的日子里走出阴霾，才能在生活中渐渐地开启自己丰富多彩的世界。

《风雨哈佛路》中的那个女主角，她的人生可谓是悲惨的——她父母没有给她多少关爱，她父亲后来还进了监狱，她母亲也吸毒，她跟着一群混混儿过了很长一段日子。可是，在一次意外事件中，她感受到自己或许还是需要读书的。于是，在做兼职的间隙或者坐地铁期间，她都想方设法地阅读。她看了很多书，做了很多习题，一天又一天地努力学习。终于，她考进了哈佛大学。在电影剧终前，她说了这样一句话："你可以是一个命运悲惨的人，可是，只要努力，你也可以进哈佛。"

虽然电影中的她也有人帮持，也有人鼓励，但是，那都不是她能够进哈佛大学的根本因素，其根本因素是她自己在不停地努力——她人生中最大的贵人是她自己，是她自己能够不停地努力，并不停地感悟自己的生活，让自己能够应付人生风雨中的一切，从而朝着自己期待的生活前进。

每个人的人生都需要自己去负责，每个人的人生都不是简单的一段生活。在生活中，我们不妨对自己好一点——对自己人生中的贵人好一点，因为只有自己好了，你的未来才会好，只有你最大的贵人好了，你才能够获得更多正能量，一步一步过上自己期待的生活。

5. 做事主动，你的潜力就会逐渐被开发出来

人只有主动地知道自己要的是什么，才会明白自己究竟可以做得多好；人只有主动地开始承担自己对于生活的期盼，才能够真正地了解自己到底有多么厉害；只有主动地开始进攻，才会知道自己这把利刃是否能够披荆斩棘；只有主动地开始自己的生活，才会知晓自己的潜力迸发时的能量。

在很长一段时间里，大学生村官魏敏做事都特别消极——好像什么东西都无法让他开心，所有做的事情都提不起他的兴趣，甚至都不明白自己下村工作的价值在哪儿。因为他无法切实地解决农民的问题，也无法真正地了解农民的诉求，感觉自己像是一个毫无用处的人。

他满怀期望地到了农村当“村官”，发现自己不懂的事情太多了，既不懂给农民种点菜，也不懂给农村栽棵树。他觉得自己所做的一切都是空的。他每天都给上级汇报自己今

日所做之事，可是越是汇报，越觉得空荡荡的。他从来都不曾真正地做过什么。他觉得所做的事情都是没意义的，因而越发不想做事情，一天比一天消极倦怠。

魏敏的状态让村书记看到后，村书记跟他聊了很多。村干部没有编制。对于县上下来的干部，他们有些恭敬，却不是一味地恭敬。他们会一针见血地说某一个人消极对待工作，会将那个人的工作情况看在眼中、记在心中。

村书记说："魏敏，你不能这样，年纪轻轻的这样不好！你从来不主动地去了解我们村民，不主动地去走访群众，去问群众需要什么。我们的村民不了解你，肯定不会主动地来找你。我还没当村支书前可是将全村的村民都走访到位了，了解了很多的情况才有了村民的一点点信任，才能在他们需要时想起我。你这样的行动，他们怎么可能喜欢，又怎么可能将你当成自己人。你不主动，其实就是你潜意识里并不想在这里干点事情出来；你不主动，其实就是你潜意识里还不想发挥出自己的实力。如果是自己想要发挥出自己的能力，想要让自己所做的能够得到认可，那么这个人肯定会主动地去做很多事情，不管是入户、走访还是帮助群众，都会主动，反之亦然。你的状态告诉我你其实并不想在这里发挥你的潜力和能力。"

主动这一个词适合各行各业：你不主动地想要得到某一件东西，或许你就无法真正地领会生命给予你的价值；你不主动地开始自己的生活，或许你就无法领略生活的趣味；你不主动地开始你的人生，或许你就没有办法主导你的人生；你不主动地开始尝试，或许你的潜力永远都仅局限在小小的世界中而无法迸发。

在生活中，很多人都希望自己能够做好很多事情，很多人都希望自己能够主导自己的人生，可是，他们对自己的认识似乎有很深的不解；有的人期盼外界能够给予自己更多的关怀，有人寄希望于外界能够给予自己更好的状态，可是，他们却消极地等待，不自己寻找出路，自己不主动地请缨，白白地浪费时光和机会。

主动的人往往更能获得他人的好评，也更能唤醒自己的潜能，因为他需要展现很多能力才能将其主动做的事做圆满，赢得最终的成功——如果他不努力，那么他便会被耻笑；如果他不竭尽全力，那么他或许永远无法更好地开展自己的工作，不能更好地维护他的生活。在某种意义上讲，我们主动地想要做某一件事情，其实就是我们的潜力在号召我们全力以赴地去角逐，去开启我们的人生。

因此，我们要主动地去想着做一件事情。因为，人只有主动地知道自己要的是什么，才会明白自己究竟可以做得多好；人只有主动地开始承担自己对于生活的期盼，才能够真正地了解自己到底有多么厉害；只有主动地开始进攻，才会知道自己这把利刃是否能够披荆斩棘；只有主动地开始自己的生活，才会知晓自己的潜力迸发时的能量。做一个主动的人，掌控自己的人生吧！

6. 生活可以平淡，但做人不能安于平庸

没有谁愿意让自己的人生变得平庸，平淡的生活并不意味着为人的平庸。一个人要想有所成就，就必须要有一颗不甘平庸的心。

有人说，平平淡淡才是真的生活，生活不需要有太多波澜壮阔——那样的话，人需要许多力量来支撑。是的，生活是可以平淡一些，生活无须太多跌宕起伏——不是每个人都能够扛得起生活跌宕中遭遇的那些困难，不是每个人都能够经得住人生起起伏伏中的那些恐慌。人们可以选择过平淡的生活，就像厌倦世间的纷繁而选择隐居一样，过自己的逍遥生活。但是，做人却不能安于平庸。

在当今社会，人才辈出，无论是生活、学习，还是工作，我们都有自己的圈子。因此，每个人都有自己的生活圈子，都有自己对生活、工作、奋斗的理解和认识。有的人想要大

展宏图，有的人则安于平平稳稳，但是，无论是哪一种人，他们都在为自己渴望的生活努力奋斗着，都不想在奋斗过程中甘于平庸，因为在这个社会中，每个人都不可避免地要参与社会竞争，都会努力做得最好的。

我们奋斗，我们拼搏，目的都是为了明天过得更好，为了让自己过得舒心。因此，不管我们是在发达的一二线城市里拼搏，还是在农家小院里过着自己的田园生活，过得让自己心中感到舒适，就是追求的最终目的。看似轰轰烈烈的爱情，历经柴米油盐这种最真实生活的洗涤，最终会趋于平淡，由爱情变为亲情。但是，这种平淡绝不是平庸。平庸则无奇，平庸则无趣，平庸则无感，一段无奇、无趣、无感的恋情没有什么值得人留恋，而我们平淡生活中的爱情和亲情是深入骨髓，令人牵挂和神往的。

在我们那一届毕业生中，有一位女同学给我留下的印象特深刻——在学校，她优秀得让人不得不侧目；走上社会，她果断得让人尤衷佩服。

在学校，李汉琼相当优秀：不是英语专业却在大二时就过了专业八级，在大三时还作为交换生去了美国一所学校上学；她读的是国际金融专业，其成绩总是遥遥领先；在选修基金课程后，导师给过她一个账号，让她学着投资股市，而她经过一两个月的努力，竟然让那账号中的钱翻了一番；她在学校里开网店做电商，生意火爆，收入远超过一些上班的白领。

在很多同学眼中，李汉琼就是校园里的一个传奇。很多人都会认为，她那样厉害的人，肯定会像很多商业精英一样，优先创造着属于她的传奇，而并不急于结婚。但是，没有想到的是，她在毕业后两年便将自己嫁了出去。

很多人都不能理解她的决定，似乎看她选择了一条平淡的生活之路，有些惋惜与不解。有次同学聚会，我忍不住好奇地问起了这个。

李汉琼很淡然地回答说："其实人总会要寻找一个港湾让自己能够歇一歇，总是要有一个归处，让自己可以享受平淡的日子。毕业后的两年里，我奔波了很多地方，我用我的眼睛看了很多的地方，我见识到了很多的让人激动、让人焕发激情的生活，可是激情过后呢？所有的一切都要趋于平淡，每次的跌宕起伏都让我感到人生似乎特别不容易，我想让自己的生活过得更容易一点，我也想要我能够在平平淡淡的生活中感受到一种美好，就像现在，我跟丈夫一起努力，一起奋斗，哪怕没有之前的生活那样轰轰烈烈，但是却是我想要的。"

“难道不会觉得这样的话，你就平庸了吗？”见她如此淡定，我便接着问道。

她摇了摇头，说：“不是，生活的平淡并不意味着人就要平庸，平庸我不愿意，我只是让自己平凡一点，让自己可以选择自己想要的生活，做人必须要有上进心，我的上进心在我自己选择生活，并在力所能及的范围内让自己的生活过得更好，我可以不用伟大，但是我不能平庸，平庸有时候意味着堕落，可是，我从没有堕落。我只是选择了一条自己想走的路而已。”

是啊，在生活中，在我们经历了很多激情澎湃后，总要趋于平静，回归于平淡，但是，如果将过平淡的生活看成是平庸地做人，那么这无疑是一种错误的认识。

我认识一位 70 多岁的医科教授。退休后几年，他身体状态不好了，精神状态也不佳，但他却依旧在写着一些卷宗。我问他：“老师，您可以歇歇了，这样不累吗？”他却略不高兴地说：“我这一生似乎过得很平庸，在自己生命中还算好的时光里，我希望自己能够不平庸地过下去，我把这卷宗写好了，可以服务别人，这或许就算是我为我的人生做出一点点伟大光环的事情了吧！所以，我不累，一点都不累。”

每个人都需要为自己的人生负责，每个人都有自己人生的使命。无论是为了父母、孩子，还是为了友人，每个人都该展现给世界一个积极向上的样子，而不是平庸堕落的样子。没有谁愿意让自己的人生变得平庸，平淡的生活并不意味着为人的平庸。一个人要想有所成就，就必须要有一颗不甘平庸的心。人们活着，不仅仅是为了活着，若只是活着，那并没有多少需要承受的情况，可是，活着的目的不是让人生更丰满，让理想更圆满，让自己更快乐吗？因为要好好地活着，哪怕平淡，却不能让自己的心平庸，因为平庸是致命的伤！

每个人的一生都是由自己去规划的，选择一个平淡的生活没有什么错，只要自己能够不平庸地过好每一天，让自己变得更美好一些，那就够了！生活平淡，人不平庸，生命无悔！

7. 每个成功的人，都有一段奋斗的时光

在生命的过程中，每个人都有自己的担当与责任，每个人都肩负着需要扛起自己人生的重担，都履行着需要挑起自己责任的使命，生命的价值究竟是什么，自己又该如何成为那成功的人，没有谁知道，只知道是成功一回事，选择奋斗又是另一回事。

冰心说："成功的花，人们只惊羡其现时的明艳，然而，当初她的芽儿浸透了奋斗的泪泉，洒遍了牺牲的血雨。"茅盾说："必须在奋斗中求生存、求发展。"陶行知说："奋斗是万物之父。"奋斗，在每个成功的人眼中都是一个必不可少的过程，谁都不可能随随便便成功，谁都不可能无缘无故地就手触美好，因此，想要成功，任何人都必须经受一段奋斗的时光。

最近，表姐买了一辆价值 30 多万的车。她整天满面笑

容，网店生意做得红红火火，请了十来个工人打包、发货。得知表姐已经买了一辆价值 30 多万的车后，舅舅开心得不得了，高兴地向姨妈提到了这件事。

姨妈也开网店，但生意一直不温不火的。对此，她酸溜溜地说：“那孩子是运气好，别人开网店一年就赚到很多钱，她开了两三年，说明她转运了……”

舅舅听了这话，很生气地回答说：“瞧你说的话？这分明是忌妒。我女儿不是运气好，转运了，三年时光，她不停地在奋斗，在努力，所以，她才能够过上自己想过的生活，才开始变得成功……”为了这事，舅舅和姨妈还吵了一架。

事实上，一个人的成功，有很多种因素。但是，任何一个因素都无法磨灭的是，这个人在成功过程中必须度过一段奋斗的时光。表姐独自一人去外地务工时尚未成年。她磕磕碰碰地做了很多傻事，遇到过很多困难。她曾经号啕大哭过，曾经伤心绝望过。她想，如果自己可以更有用一点，就可以更好地给予家里人帮扶。她想要生活得更好，却发现自己有太多不懂不会的。曾经在公司上班时，她获得了一些休闲时间，并将这些时间用在学习之中。2012 年，她忽然辞去了工作，开始自己创业。很多人都想看她的笑话。她在开网店过程中也吃过资金周转不开的苦。无法好好地进行自己的店铺经营，她看别人每天都有很高的销量，心里也着急，也曾有过好长时间的低迷期。她默默地承受着所有苦难，默默地坚持着努力奋斗。她花钱进入公会，在公会中跟着学习。她花更多时间跟着生意火爆的网商同行学习，学直通车的内容，学如何做好关键词、热词的设置——她努力地让自己过得更忙碌。经过长时间积累后，表姐的网店生意火爆起来了。

每一个成功的背后，都有奋斗的时光，都有不可不说的艰辛历程；每个人的成功，都有一段奋斗的时光，这段时间或许长，或许短，却是通向成功的必然之路。在生命的过程中，每个人都有自己的担当与责任，每个人都肩负着需要扛起自己人生的重担，都履行着需要挑起自己责任的使命，生命的价值究竟是什么，自己又该如何成为那成功的人，没有谁知道，只知道成功是一回事，选择奋斗又是另一回事。

我认识一个朋友，今年 30 多岁，担任某国企部门主任。有人说他年轻有为，有人说他运气好，每次都碰到好的机会。但是，我了解的情况却恰恰相反。

在某次一起吃饭时，我们都很高兴，酒喝多了点。我无意之间说了一句“你真是运气好”，他感到委屈，一下子将肚内的话都说出来。

他说，他到北京上学前，家里非常穷，学费经常是东挪西借还筹不齐，每天不得不以馒头加咸菜自来水充饥。在寒暑假，他不得不去打工挣学费，在工地上搬砖、提灰桶、扛钢筋，手被磨掉了一层又一层皮，出现一个又一个伤口，人也变得又黑又瘦。好不容易考到了北京的一所大学，但家里这时穷得揭不开锅，他不仅要自己想办法借钱交学费，还要自己做兼职挣生活费。在大学期间，他做过家教，发过小广告，送过牛奶，等等。就这样，他一个人在北京苦苦支撑了四年。在这四年期间，他不仅自给自足，还给家里寄过钱。不错，他的运气是不错，但那都是他努力奋斗，凭实力争取来的。他在找工作期间，有幸被某国有企业录用为编外人员。他进入国有企业后，利用一切时间，努力学习各种知识。在一次事故中，某台重要的设备突然出现故障，影响了生产。他正好那段时间在钻研机械修理知识，就自告奋勇地去抢修机器。这一次，他给企业挽回了上百万的损失，引起了领导的关注。此后，他成为"这家企业的消防员"，哪里有紧急情况，他都会去帮忙解决问题。后来，企业进行改制，他才有机会一步步升到了现在的位置……

如今，大家只看到他令人羡慕的职位，似乎看不到他的努力。他对我说，他感到委屈，感到不解，非常不愿意听到别人说他"运气好"。

是啊，一个靠自己奋斗取得成就的人，怎么愿意被人说成“运气好”，是个靠运气吃饭的人呢？那是对他努力和奋斗的否定，是对他人格的极大不尊重。

事实上，没有不经努力，靠运气就能获得的成功。任何一个成功的人，都经历了一段长时间的努力奋斗。只是，成功的人，他们的背后究竟付出了多少血汗，经历了怎样的一段奋斗的生涯，又有多少的泪水在溢出，谁又能看到？

每个成功的人背后都有一段奋斗的历程，他们哭过、宣泄过、绝望过、悲伤过，却依旧能够让自己坚持奋斗。太多的人将别人的成功归因于他人的运气，可是，就算是运气也得看他是否能够把握好，更何况，运气的青睐也是对那些人奋斗的奖励，也是对那些在背后付出努力的人的恩惠。

成功，不是一件容易的事情，也不是单单仅凭运气就可以获得成功，每个成功的人背后都有一段不为人知的奋斗之旅，每个成功的人都有独属于自己的奋斗之路，人要如何才能开始自己的生活，要如何才能完成自己的使命，要如何才能获得成功，这条路很远，奋斗的历程很艰辛！

8. 坚持到最后一秒钟，你一定能握住成功的手

坚持是一种力量，一种督促人前行的动力，一种能够让人看到美好未来的力量，一种能够让人勇往直前，不畏惧、不害怕的勇敢，一种可以让人感受到一种来自自己的内心的声音的力量，一种让自己哪怕是时候倒下了，也要比敌人、比对手晚一步倒下的信念。

每个人都渴望成功，同样地，每个人都有侥幸心理，希望自己能够比较轻松地获得成功。其实，成功有时候很简单，有时候却很难，简单时，只要你努力了就可以获得成功；难时，则是需要你持续很长时间努力才能获得成功。成功就像一个与人遥遥相望的神，他静静地看着人是否能够坚持到最后，来握住他的手。

一年前，我去参加一个新书发布会。在发布会现场，有个女孩忙碌在各个活动中心人员身边，端茶、倒水，见到谁

的杯子空了，便往那个人的杯子里添上热水。后来，很多参加活动的人都开始走动，去忙着与自己的偶像作家合影，而台下人员也走得四处都是，跟熟人聊天，而她依旧站在茶水专用的地方，负责自己的工作。

好几个跟她一起做后勤服务的女生跟偶像作家合影时，招呼她也过去，但她还是笑着摆手表示拒绝，她一直坚持着站好自己的这一班岗，就好像此刻唯有坚持做这件事情是正确的一样。

女孩的坚持被活动的主办方负责人看在眼里。在活动结束后，主办方负责人给了女孩更多的劳务费用。当知晓女孩正在上大学，这是她业余兼职时，主办方负责人给了她一张卡片，让姑娘登记自己的联系方式，并表示，若是公司还有活动，还请她来，不用干多少苦力活，只要有她符合条件的，就一定找她做。

从此，姑娘就经常出现在各个活动中。不久前，我遇到那个姑娘时，她已经是那家公司的正式员工，深受领导的器重，被列为重点栽培对象。

那家公司的负责人跟我说："其实，这个姑娘的业务工作能力并没有多强，只是她比所有人都懂得坚持，有时候，有的单子就连销售宣传中心都有些放弃了，她还在坚持，可怪就怪在她坚持后，这事情还真的就有了转机，我忽然就觉得她或许是一个很好的人才，她总有一天会成功的，因为她的这份坚持。”

成功的人，其实并不一定是因为比别人多了多少能力，而是因为比他人多坚持了一秒的时间——就是这一秒，他们能够击败敌人，赢得一场胜利，更早地走向成功。

在这世界上，人人都渴望着成功，都希望成功能够触手可及，希望自己能够成为那个成功的人。可是，这个世界上成功的人并不多，成功的案例远远比失败的多——很多人都因为种种原因未能将那些需要坚持的事情坚持到底，因而最终被不幸地淘汰出局。

坚持是一种力量，一种督促人前行的动力，一种能够让人看到美好未来的力量，一种能够让人勇往直前，不畏惧、不害怕的勇敢，一种可以让人感受到一种来自自己的内心的声音的力量，一种让自己哪怕是时候倒下了，也要比敌人、比对手晚一步倒下的信念。

在看举重比赛时，我刚开始并不明白为什么有的运动员将那杠铃举起来了，裁判却亮起了红灯，并不明白为什么他们将那杠铃举上去后还要咬牙力挺几秒才将那重物放下。

听解说员讲解完比赛规则后，我才知晓，原来运动员举重不仅仅是要将重物举过头顶，还得坚持规定的秒数才能算成功，否则，哪怕是差一秒，在严苛的比赛制度下，都会被判定为失败。

很多运动员就是在赛场上那一秒未能坚持，便输掉了这一场比赛，很多运动员就是因为那一秒的松懈，便白白地失去了角逐奖牌的机会。这是令人可惜的。

在某公司举行的拓展训练活动时，有一个爬绳索的项目，测试人胆量的。活动要求参加者从那绳索中爬过去——绳索连接着两边的瞭望台，下面是湖水。

几个同事都勇敢地尝试了，而徐胜涛是那群同事中胆最小的一个。刚开始时，徐胜涛攀爬那根绳索还底气十足，到中央时，他汗水与泪水交汇着流下，不过，他还是咬着牙爬过去了。

在爬过绳索后，他颇有感慨地说："在那上面，我好害怕自己掉下去，我有好多次想要放弃，想着就那样掉下去算了，可是，我不甘心，我没有一个项目是跟其他的同事一起完成的，好不容易有这样的一个项目，我试着去做了，如果不成功，如果只是因为我的不坚持而失败了，那么我的心中或许会认为自己是个孬种，而别人也会觉得我一事无成，我不愿意，所以我一秒一秒地坚持，哪怕爬这个绳索耗费了我快两个小时，我依然觉得我成功了，至少没有人会嘲笑我，没有人会认为我一事无成。”

此刻的坚持若能换来下一刻的成功，那是一件多么让人欢欣鼓舞的事情！然而，有时候的坚持，或许换不回下一秒的成功，却依旧能够让人心中有所期待。在通向成功的路上，我们将会经受许多考验。有时候并不需要更多的人来提醒，也不需要更多的人来惦记，只需要我们能够对一件事情做到多一分的坚持，只需要我们能够在自己的人生中能够多坚持一秒，锻炼出自己的意志，磨砺出自己的品质，让自己能够更好地实现生活所寄予的希望，能够更早地握住成功之手。

多坚持一会儿，哪怕就是一秒，或许就能够给你的人生带来完全不同的转变；多坚持一会儿，哪怕就是一秒，或许就能让你离成功更近一步；多坚持一会儿，哪怕只是一秒，或许就能让你看到成功更大的希望；多坚持一会儿，哪怕只是一秒，或许就能让你知晓人生与成功的意义所在。生命诚可贵，成功不多得，所有人都在渴望着有一个更好的未来，期盼着获得成功，那便从自己做起，坚持就是胜利！

第四章

你现在“拼”了，未来才有“比”的资格

青春是用来奋斗的。成长是一个学会奋斗的过程。在追求梦想道路上，拼搏是每个人义不容辞的责任。今天的拼搏是为了明天能过上期待的生活。因此，现在的你是否努力拼搏决定着你明天的生活质量，你只有现在“拼”了，未来才有“比”的资格。

1. 人与人之间的差异，最关键部分是由努力决定的

打败自己的并不是他人的才智，而是他人的努力，努力可以改变很多事情，努力能够让人与人之前的差距越来越大，能够让人看到不同的生活去向和成功路线。

外出做演讲时，我时常会遇到一些处于迷茫中的人来咨询我。不少人都问过类似这样的问题：我跟他能力上并没有多大差异，但为什么他就比我更受人欢迎？我觉得自己也不比他愚蠢，为什么他能获得那个名次而我却不行呢？我并不认为我们之间有多大差异，我们都是一个师傅教出来的徒弟，为什么他的生意就比我的好呢？……

在这个时候，我往往会问他们：既然能力、智力、受教育程度都没有差异的话，那么你们的学习、生活、工作情况又是否相同呢？他在与人来往、学习、工作状态上与你相比，有什么差异呢？

很多人这个时候就会想起，那个跟自己差异不大的人能够获得比自己更好的待遇，其原因是他们比自己更努力，更努力地经营人脉，更努力地学习各种知识，更努力地工作……

人从呱呱坠地的稚儿成长为能够懂事、能够决断许多事的成人，是要经历许多事情的，无论是学习、生活还是工作，都会让他们经历不少，若说教育是人开始改变的第一步，那么努力便是人们之间拉开差距的关键一步。就像《伤仲永》一文中所说的，因为后天没有努力，哪怕有先天的才智，最终也会沦为一个平庸的人。

在生活中，我们往往很注重技能的获得和技术的培养。可是，对于一个人长久的成功而言，对于赶超他人而言，努力是必不可少的一大关键。技能的获得、技术的培养或许只需要几本书，给足一段时间，任何人都能获得那项技能技术。不过，是否能够将这技能技术融会贯通，做到更好，做到最好，则要看这个人是否努力，是否持续去钻研。

如同在一个班级的两个学生，同样的老师讲述同样的内容，他们两人都做好了笔记——一人则做了笔记便将那笔记放在一旁，放学便去玩自己的，而另一人则在记完笔记后重新温习一遍，又结合笔记的内容将所需完成的习题如数完成，再加深练习，将重点问题印刻在内心，努力地、一遍遍地学习。考试时，这个努力的人理所当然地获得比那个完全不努力的人更高的分数。

在生活中，在奋斗旅途中，很多人都会渐渐地发现自己与他人有差距，若真正是智商、情商或是技术、教育水平造成差异的话，人们不会有什么觉得难堪的。让人们觉得难堪的，是有的人通过努力，哪怕先前不如自己，后来却甩了自己好远；让人难堪的，是有的人仅仅只是比自己努力了那么一点点，便在竞选时赢得了比自己更高的票数；让人难堪的，是有的人仅仅只是比自己努力了那么一段时间，便能够在他人面前留下深刻的印象，能够让他人记住他的优秀，而自己却不行……

蔡丽萍是我认识的一个舞蹈教练。在她开办的舞蹈学校里，有两个10岁左右的孩子，刚来时两人的情况都差不多，肢体并不算柔软，也算不上是好苗子，蔡丽萍也并不看好任何一个。她在私下跟家长谈话时曾建议家长将那两个孩子送去学习其他艺术班。可是，两家的家长说孩子喜欢跳舞，就让她们跳吧。

蔡丽萍每天都会教孩子们几个简单的动作：劈叉、下腰、蛙练、跳跃。两孩子都吃力地跟上。

几个月后，她们当中有一个孩子却发生了非常大的变化，竟然能够同班上优秀的小孩一样做出优美的动作，而另一孩子也还在吃力地跟着。蔡丽萍很吃惊，就更多地观察那个变化大的孩子，发现那个孩子太努力了：别的孩子在跟他人聊天时，她对着镜子琢磨着自己的动作；别的孩子在吃零食时，她也在那里练着基本功；别的孩子放学换下了舞蹈鞋，她也会多练那么十来分钟才换鞋；而在等父母来接自己的这个时间里，她也不浪费时间，穿着平时走路的鞋子也练着如何踮起脚尖……

蔡丽萍对我说：“我以前总想着，要教稍有天赋的孩子，我想着有天赋的孩子肯定会比没有天赋的孩子教出来效果更好，可是我发现我错了，人与人之间的天赋其实并没有太大的差异，反而是努力，能够让人变得有差异。”

人与人之间的差异，最关键的因素在于是否努力。努力的人能够更快地缩短与他人之间的差距，也能够更快地营造一种可以追赶的可能性。因为努力，所以我们可以更好地选择自己的生活，选择自己的对手，选择自己需要努力的方向。很多时候，打败我们的并不是他人的才智，而是他人的努力——努力可以改变很多事情，努力能够让人与人之前的差距越来越大，能够让人看到不同的生活去向和成功路线。

2. 持续努力的人，是最有可能打动幸运之神的

命运对于每个人来说都是公平的，没有谁努力了会一直都得不到回馈，只是，努力这事说起来容易做起来难，持久的努力更是难上加难。幸运的女神往往青睐那些能够持续不断努力的人，往往会青睐于那些能够不停地为自己的理想奋斗的人。

在生活中，很多人都在努力地为实现自己的梦想而奋斗；很多人都想有朝一日能够成就一番令人瞩目的事业；很多人努力地学习，努力地工作，努力地生活，为的就是让自己能够在这人来人往中、这瞬息万变的世界中留下自己的足迹，留下自己的印记。

很多人都相信幸运女神存在，都相信自己能够遇到幸运女神。然而，并不是所有人都有机会遇到幸运女神，得到幸运女神的垂青。幸运女神有时垂青一个人，并不是因为他有

多高的天赋，而是他付出了比别人更持久、更多的努力。

我朋友王敏是一个平面模特。平时，她偶尔接些广告业务。她出道已经有好多年了，演绎过许多角色。从温婉的角色到大气磅礴的女人，到呆萌傻甜的萌妹，她演绎了一个又一个角色。她努力地演绎着不同的角色，穿不同的衣服，努力地提升自己对不同形象、不同角色的诠释能力。

在出道很长一段时间里，她经常听到负面的声音，总有人在不经意间在背后给她插上一刀。王敏不在乎这些，咬紧牙朝着自己的梦想努力奋斗。于是，对自己的工作她从来都不喊苦不喊累，在工作时做十足的女汉子，像只陀螺一样不停地工作着。为了拍摄效果突出，她从来都不吝啬自己的努力，日晒雨淋，也跟所有人一起受着，只为出一个个独属于她魅力的角色。

她的努力终于感动了幸运女神——喜欢她的人更喜欢她，曾经攻击她的人也不少变成了她的粉丝。更让她意想不到的是，她还找到了自己的白马王子，过上了恩爱甜蜜的生活。

在生活中，我们谁都有被生活打击的时候，谁都有即使努力了也没见多大成效的时候，谁都有对自己的生活无法更好地进行而感到伤心的时候。成长让我们经历了很多坎坷，见证了许多的道理，也让我们明白哪怕是努力了九十九分，差最后一分也可能无法获得幸运女神的垂青，也让我们开始懂得，只有一天比一天更努力，只有持续地努力，才能获得幸运女神的青睐。

我认识的一位非常优秀的作者就是努力改变命运的典型。

何某某出生在西北咸阳市某农村。因为家庭经济条件不好，她不得不早早地弃学，外出务工。在离开家开始自己闯荡时，她只有16岁。她只身一人来到东莞，在一个电子加工厂从事流水线上的工作。她想要改变自己的现状，很努力地工作，用稚嫩的双手帮助父母支撑起了家庭的重担，同时也支撑起了自己成长的所托。

但是，她不甘心一直做一线工人，还想去为梦想拼搏一把。于是，每天除去正常的工作外，她便开始努力地阅读。通过阅读，她培养了自己的兴趣爱好，锻炼了自己的文笔，提升了自己的文学素养。她每天都坚持阅读，坚持用双手来敲击键盘，写出自己内心的想法和对人生的感悟。

在觉得自己的文笔已经不错时，她开始在网络上写稿。刚开始，她只是盲从，跟着风写某一类型的文章，后来开始逐渐能够写出有自己风格和思想的稿件。一个初中毕业的女孩，她根据自己的人生经验和自己阅读的所感所受，写下了一篇篇感动人的文章。她持续努力了近三年，才渐渐地有了很多喜欢她小说的读者。在网站上，她开始小有名气。找她签约的编辑越来越多，网站方给她的待遇比以前越来越好：文字推荐，封面推荐，主编推荐……

后来，何某某离开了那家工厂，进了一家杂志社做设计。不过，她依然坚持每天写稿，并不断地努力学习各类文学写作的事宜和有关稿件出版的各项内容。经过 6 年努力，她已写过 6 部长篇言情小说，有 3 部已经出版。如今，她还在不停地努力，不断地看书，不断地写作，还抓住时机进入所在城市的高校旁听写作课程或者学术报告会。

有时候，我们羡慕别人的努力能够获得回馈。其实，命运对每个人来说都是公平的，没有谁努力了就一定得到回馈，也没有谁努力了就一直得不到回馈。只是，努力这事说起来容易做起来难，持久的努力更是难上加难。幸运女神往往青睐那些能够持续不断努力的人，往往会青睐于那些能够不停地为自己的理想奋斗的人。

我们如果想要获得更长久的成功，想要获得命运女神的垂青，必要的是努力，比努力更重要的是能够持久地努力——为了自己的生活，为了未来的光明而不停地奋斗！

3. 以上司为师，你的历练比薪水更重要

人生没有回头路，每一个阶段都有独属于那个阶段的历练，历练过程中所获得的道理与生活的经验会积累更多我们成长成才的资本。

走上工作岗位时，我们便开始踏入了人生历练之旅。而这种历练便是我们成长最好的陪伴。如果我们能尽快地从这种历练中汲取有益成分，我们将会迅速成长，更快捷地实现梦想；否则，我们将不得不继续历练下去，为实现梦想再多走一段路。

工作是促使我们成长和检验我们是否成熟的最佳舞台。在工作中，我们会遇到很多人，他们的实际操作能力、业务能力、交际能力、理解能力与自己的有一定差距；也会对自己工作中所遇到的问题感到迷惘，对自己所领取的工资、所获得的待遇感到焦虑。我们不知道为什么我们与他人有差异，

也不知道为什么会产生这样的差异。于是，有时候，我们想争一口气，将工作做得更好；有时候，我们愤愤不平，渴望更高的薪水，想跳槽到一个更高薪水的岗位上去。但是，对于刚刚走上社会的我们来说，从长远角度来说，历练比薪水更重要。

我的同学唐旭现在是一家公司的业务经理，事业干得风生水起。谁也想不到，以前的他无论是在学校的表现，还是刚毕业走上社会时应聘到的岗位，与同班同学相比，都丝毫不起眼。而他之所以能出现“蜕变”，是因为他踏实，是因为他跟着上司扎扎实实地学习了好几年，直至他真正成长起来、优秀起来为止。

刚刚走上工作岗位时，唐旭什么都不懂，在大学里所学的一切都运用不上。不仅如此，他的工资也仅仅是比当地的最低工资标准线高一点点。他愤愤不平，也颇有些失落，想重新找工作但对自己又不足够自信，根本不知道自己能干些什么，不重新找工作又对自己活得如此狼狈不堪而愧疚。想来想去，他决定先学一点本事再说，等学了本事，有机会就跳槽。

当时，唐旭的业务主管是一个 40 多岁的中年人，看到唐旭踏实肯干，也愿意培养他。于是，每次出访客户时，上司都带上唐旭。唐旭不仅认真地听上司与客户谈商务，遇到重点时还详细地记录下来。

上司做事干净利落，雷厉风行，从来不觉得自己所做的事情有什么难度，也从来不畏惧什么，哪怕困难就在眼前。他经常鼓励唐旭：“小唐，好好干，只要你开始真正地投入到了岗位中，不是草草地做事情，你就会有出头之日的！现在不要首先想着工资，你要好好地想想如何在岗位中历练，如何提升自己。”

受到鼓舞的唐旭将他视为工作引导老师，通过观摩上司的工作技巧，学会如何去处理工作中的事，尤其是工作过程中的细小事情。

唐旭跟着上司学商务谈判，如何说服客户，如何展示本公司产品的优势，如何在客户有所诉求时尽自己的努力满足他们的诉求，满足自己对于工作的期待。不仅如此，唐旭还学习上司开会时或者访谈时如何做笔记，学习他看哪些书，关注哪些知识，甚至学习他如何在工作过程中把握自己的生活节奏。

渐渐地，唐旭懂得了很多的道理——为人处世、待人接物、商务谈判、学习生活，开始真正地成长了起来。两年后，唐旭的业绩迅速上升，薪水节节上涨。而他也常常被上司夸奖，变得越来越优秀，有了自己的奋斗新目标，就更加自信和努力地去实现自己的目标。

孔子曰：“三人行，必有我师焉！”在人生道路上，我们谁都不可能完美无瑕，谁都会遇到一些困难或者坎坷。但是，这是人生道路上必须经历的考验。有时候，我们会将金钱看得很重，殊不知，钱财这种东西只要你努力了，只要你能够有实力承受，那么它必定是会有的——人们成长到某一阶段，有了足够的能力和实力，接近或者拥有了成功，钱财就自然不会缺少了。

因此，唐旭走上工作岗位后，以努力提高自己工作能力、增强自己实力为着眼点，以上司为老师，从上司那里学习值得自己学习的东西，让自己能够在工作中得到更多的历练，对广大年轻人来说，无疑是值得借鉴的。

很多时候，很多人会对上司报以敬畏、奉承甚至抵触的情绪，然而，若是想要在这个行业中做得更好，那必然是需要有一颗跟着上司学习的心，因为上司之所以可以成为你的上司，必定是有你所不具备的方面，要么是经验，要么是能力，总会有些出众的地方，否则，他也无法成为你的上司。

在工作时，人们往往很在意自己能够获得多少薪水——薪水意味着自己能够生活得更好，更多的薪水也就意味着更好的生活。然而，人生的过程中，金钱是重要的，却有很多的东西比金钱更重要，金钱失去了可以再赚回来，而人生则没有回头路，每一个阶段都有独属于那个阶段的历练，历练的过程中所获得的道理与生活的经验会让人们积累更多的成长成才的资本。

初入职场，我们每个人都应该好好地掌握生活的节奏，不要害怕历练，也不要畏惧工资低，更不要与上司为敌，将上司当作自己的老师，将历练当成是自己的人生经历，让自己能够慢慢地拥有除去年龄外更大的资本！

4. 别不服气，你老板就是你最好的榜样

既然参加工作了，无论你老板胖瘦美丑，你别不服气，你的老板就是你最好的榜样，因为他是你为人生理想奋斗过程中最实在的参照物。

前不久，我的好友文育发来北京找我玩。他的状态与以往完全不一样，曾经嬉皮笑脸，看起来玩世不恭的他，现在却给人一种精明能干的社会精英感觉。

见到他时，我心中诧异了一会儿，笑着说：“哦！谁把你改造成这个样子啊？你整容了，还是故作深沉啊！”

“没有，没有，我还是我，素面朝天的我！”

“那你……”

文育发似乎看出了我的心思，笑着解释说：“一切拜我的老板所赐！我看到老板遇事稳坐钓鱼台的样子，才发现自己与他的差距是那样的大。我想着向他看齐，就将他作为我

的榜样。我观察了老板好长时间，模仿他为人处世的样子，久而久之，就变成了这样！”

见我不解，他又说：“你知道我的，我向来喜欢强者，我向来都觉得，那些能够让自己可以获得成长的人就是我的榜样。我进入公司后，发现我的老板恰恰是这样的一个人！”

我们从出生那一刻起，就开始漫长的成长之路。成长到一定时候，我们便学会自食其力，尝试着在社会中立足。而在这个艰难的转变过程中，我们常常会想：是否有那么一个人能够作为自己生命中的指向标，让我们可以学到更多？是否在我们生活过程中，会有那么一个人能够让我们的生活更上一个台阶？是否有那么一个人能够成为我们生活中的榜样，看到那个人就能够让自己想着变得更好？

开始工作时，我们要学习很多东西，也会有许多不懂的事。因此，我们总会想要获得更多的力量，支撑我们走过人生的各个关卡——人们总在工作过程中学习着，前行着，从来都不会忽视哪一个力量，从来不会忘记在自己工作岗位中谁是中坚力量。在公司，很多人会以老板作为他们的榜样，让自己能够学到更多东西，让自己能够更好地走向人生的巅峰。人要走很长的路，生活或工作中也会有很多人引导，我们会有很多榜样，会面对人生过程中的坎坷，会有自己对生活的认知，也有自己对于榜样的定义。

榜样并非是简单的一个词。它是一种力量，能够让人开始向上，让人有勇气面对生活中的困难与艰辛。成长，工作与榜样，在人生过程中不可避免。我们有多少岁月可以考验我们的人生，便有多少人可以当我们的榜样。

在工作中，最好的榜样就是公司老板。老板，他的存在是自己对于整个企业的长期定义。他有总体观念，有自己创业和继续让企业变得更大的规划，有让手下人跟着自己过得更好的责任与义务。因此，他会工作很努力，会考虑很周到，也会思考很缜密——他身上有太多品质值得学习。初走上工作岗位的年轻人，想要在自己岗位上做得更好，对老板的观察与学习，是你人生走向成功最有效的捷径。

我们总要用自己的心态看待工作中的领导，总需要在成长过程中以他人为榜样来激励自己，而不是简单的奉承，不是因为敬畏而排斥的举动。我们需要一个榜样，至少在工作中，需要一个能够让我们学习、引导自己向上的榜样，让我们能够更好、更快地进入工作角色，实现自己的目标。

有多少人在生活中失去了方向，有多少人在生活中做错了事情，又有多少人在生活中弄错了榜样，我们有很多事情需要去思考，有很多道理需要去领会。参加工作了，你的老板就是你最好的榜样，因为他是你在为人生理想奋斗过程中最实在的参照物。榜样的力量是无穷的。我们追逐自己的梦想，需要借助榜样的力量。

5. 有职场围城心理，受伤害的最终只有你

人们有时总是羡慕他人的工作，总以为他人的工作会比自己的要好太多，总觉得自己的工作在不断变化过程中变成了另外一种自己并不喜欢的样子，这就是围城心理在作祟。

在生活中，人们往往有一种“这山望着那山高”的心理，而在工作中，在职业生涯中，这种围城心理却不得不引起注意。尤其是对那些职业尚未定型的年轻人，这种围城心理影响更为明显。

在当今社会，做好任何工作都需要一颗能够镇定下来、安定下来的心。在工作中，如果有“围城里的人想出去，围城外的人想进来”的心理，那必将“五心不定，输得干干净”，不说复杂的事做不好，就是简单的事也会频频出错，最终当然是离梦想的距离越来越远了。

在一家房地产中介公司谈业务时，我认识了吴菲菲。吴

菲菲个子高挑，皮肤白皙，爱笑，喜欢与人交流。接触几次后，我们相互留了微信，闲暇时聊聊天。

在一次聊天过程中，吴菲菲讲述了职场围城心理给她带来的伤害。

吴菲菲原来在一家美容院工作。除去做美容，她还负责店里各类化妆品的代理与销售。在试用期满后，她便开始领取高额的工资——她开始有一批常常点名要她做美容的顾客。对此，她感到挺满意的。

但是，在工作两年后，吴菲菲看到有好些房地产公司的员工衣冠楚楚地来到她的美容院，消费时花钱个个像土豪。她羡慕她们。她得知她们销售了一套房便可以获得不菲的提成，而她们看上去似乎也没有多厉害，却能够一年挣几十万上百万。这比做美容强多了。

吴菲菲想：自己长得不比那些人差，口才不比那些人差，她们能挣那么多，自己为什么不行呢？或许，我去做房地产销售，会比她们做得更好。

有了这一想法后，吴菲菲对自己美容院的工作越发懈怠。她觉得对自己的工作一点成就感都没有，每个月最多时也就是一万来块钱，没有办法满足自己更大的诉求。

她有些心不在焉，干起工作来也就开始敷衍了事。她总想着那美容院外面的世界，总觉得那个世界更吸引她。美容院老板看到她不在状态，很多客户也有对老板投诉说吴菲菲的手法忽然变差了，没有以前那么好。老板找吴菲菲谈话。在听了吴菲菲的想法后，老板同意她辞职，去实现她自己的追求。

吴菲菲高兴极了，直接奔向房地产公司，迫切地去做房地产公司的销售人员。刚开始，她是去看他人如何做销售，是看那些销售人员如何磨破嘴皮子跟别人说这个房子采光好，那个房子视野好。进了公司后，她却发现自己好像什么都不会——在房地产公司里，她所有擅长的都变成了毫不起眼的东西，甚至没有一点可以骄傲的资本。

她变得没有安全感，开始担心这个月的工资是否够基本的生活开支，开始惆怅每天都要往外面跑。她每天都要做好多的事情，却不能赚更多的钱。她在美容院里保持的白皙的皮肤一下子被毒辣的太阳晒得红红的，过阵子就变黑了。她喜欢穿的高跟鞋都不能随意穿，因为她要去跑市场……

更致命的是，房地产火爆的行情很快过去了。她现在拼命工作，一年下来还很难卖出去几套房，才忽然意识到原来先前的那份工作多么好……

人们有时候总是羡慕他人的工作，总以为他人的工作会比自己的要好太多，总觉得自己的工作在不断变化的过程中变成了另外一种自己并不喜欢的样子，这就是围城心理在作祟。

以为别人的工作环境好，就想换工作，却不想，别人的工作也是付出了一定的辛劳和努力的，也是经历了一定积累的。其实，每个工作中的人，总会有自己的工作特性，没有谁的工作比谁要好太多，每个人的工作都有其自身的苦恼和麻烦。

我们有时总带着一种嫌弃自己现有工作的态度去工作。殊不知，就是你想要逃出的这个工作环境，有多少人想要挤进来。在生活中，我们往往觉得“外国的月亮比较圆”，总觉得自己所做的事情太过简单，没有什么东西自己不能做的，没有什么事情能够吸引自己去做的，觉得工作起来不开心，却从来都不想想，自己为了现有的这个工作曾经付出了多少努力。

在生活中，其实没有绝对的对与错；在工作中，其实也没多少是该走进去或者走出来的情况。对待每一份工作，我们都应当尽全力去做，都应该将自己的心思放在自己正在做的事上，唯有这样，我们才能将工作做得最好；如果在工作中有围城心理，养成“这山看着那山高”的习惯，你将无法全身心投入自己的工作中，而频繁跳槽或者改行，更不利于你的职业发展，无法让你充分发挥自己的才干。不仅如此，这种人在职场上也很难受到重用。

在职场里，我们很多时候需要一种魄力，能够让自己禁得住诱惑，不因他人的三两句好话便轻易放弃自己的现有工作，投入到只是“自己耳朵里听到”的职场中，导致自己陷入囹圄。不仅如此，我们还需要谨防围墙心理，让自己安心地工作，安心地生活。否则，三天两头地换工作，受伤害的最终只能是自己。

既然每个人都想在工作中做出一番成就，那就好好地掌握自己的心态，让自己能够享受工作的乐趣，让自己能够安心地、认真地做好自己的工作，那就保持一种能够在工作中的定力，不要“这山望着那山高”，不要觉得“外国的月亮比较圆”，好好珍惜现有的工作，一步一步地成长起来。这对于职业尚未定型的年轻人，尤其需要引起足够的重视。

6. 做好本职工作就是你最初的创业

每个人在成长到一定的程度总会想着自己或许需要一个契机来完成自己工作与生活的质变，每个人成熟到一定的程度总会想着自己或许需要一个时机来开始自己的事业。然而，在这个时机不成熟时，在人们还没有多大的资本开始谈论创业时，做好本职工作就是每个人最初的创业。

很多人都想要创业，想拥有属于自己的成功事业。很多人喊口号要将自己打造成强者，却在现实的压力下，不得不去做他人的下属，不得不在别人手下工作。因为不是心甘情愿地去打工，因为他们当中有些人总想着自己的总目标是创业，自己在这个工作中可以不那么努力，不用做得多好，浑浑噩噩，却不想这样的工作态度让他无意中养成了一种混日子的坏习惯，慢慢磨掉了进取之心，导致能力退化。

与此相反，有些人能够在做好本职工作的前提下继续为自己将来的创业做准备，积累资本、积累人脉、积累作为一个创业者需要的魄力与能力，在创业前将自己的基础打好，让自己能够在将来创业时有真正的实力做好一切。而这种人却往往能不断地变得强大起来，一步步向自己的梦想靠近。

盛苗是个很优秀的女孩。大学毕业后，她没有考研，直接参加了工作。读大学时，她想有朝一日自己创业，开一家书店或者是开一个网店，专门在那里卖书。在她大学毕业后，网店已经特别火爆。这个市场已经接近饱和。

她告诉父亲自己想要创业时，她父亲同意赞助 10 万块钱作为启动资金。不过，她对父亲说：“我想要先去外面赚一笔钱和积累些经验后再去创业。”听她说这话，父亲很高兴，对她说：“如果是去上班的话，一定要立足本职工作，不要在工作中就一心想着要创业，不要在别人的公司里总想着要自己开公司，开网店，一定要做好充足的心理准备，告诉自己：我来这里是好好干工作的，不是来想着自己创业的事情的。不然你就算是在别人那儿工作，也不会学到很多的东西，因为心不静，意不诚。”

每个人在成长到一定程度时总会想自己或许需要一个契机来完成自己工作与生活的质变，每个人成熟到一定的程度时总会想着自己或许需要一个时机开始自己的事业。然而，在这个时机不成熟时，在人们还没有多大的资本开始谈论创业时，做好本职工作就是每个人最初的创业。

李厚胜所在的公司壮大到了一定程度后，他这个部门经理就开始当甩手掌柜，只要公司里不出什么大事，他就用更多时间去做自己想要做的事。我很羡慕他，认为他肯定在想着自己创业的事。

有一次聚会，我试探地问了一下他。他摇了摇头，说："并不是你说的这样的，我当初在别人的公司上班时想着的是如何将这个工作做好，怎样能够获得更大的资本让自己可以在公司里承担起更重要的角色，让老板能够欣赏我，让我可以在工作中展现出更多的亮点，怎样让我的工作做得尽善尽美。我工作时，就是工作，我在创业之初压根儿就没有想过自己或许会创业，只是到了我开始想创业时，我已经离开了公司，自己单干了。可是，正是因为我在公司中对自己本职工作做得尽善尽美，才让我的创业有了一定的基础。"

在生活中，每个人都有自己不同的选择，每个人都有自己不同的追求。人们总会想做自己最想干的事情，总想着或许哪一天我就"单飞"了。可是，在那之前，每个人或许都应该好好想想自己现在所处的位置是什么样子的；都该想想，或许此刻每一个努力的瞬间都将成为将来创业过程中不可或缺的要素——因为此刻能够将本职工作做好，将来就有可能将自己的事业做好，因为此刻能够让自己满意，将来或许就能让跟随者感到满意。

人们总有那样一种心理——我们可以一心多用，想着自己心中所想的事，做着现在必须要做的事。这样的想法没有错，但是，在工作中，尤其是做那种较为精细的工作时，我们若是不能在本职工作中全心全力，不能在本职工作中精益求精地做好，那么就无法将工作落到实处，无法真实提升自己的办事能力，也不利于将来去实现自己心中的梦想——没有真实能力的人去创业，十有八九是以失败告终的。

我们在不断成长，总会想办法让自己变得更独立、变得更强大，总希望自己在工作过程中能够积累更多经验、获得更多本领，好为自己将来的某些打算做好铺垫。每个人都会渴望自己有机会创业，有机会自立门户。可是，在所有希望还没有开始之前，在所有创业条件还没有具备之前，我们需要的是立足当下，做好当下的每一份工作，做好本职工作。唯有如此，我们才能真正地获得人生中的成功，才能真正地获得工作经验与生活资本，才能真正地有机会做创业者！

7. 独自坚守，也是一种了不起的成功

只要你对自己做出的选择负责，希望自己能够坚持下去，不去考虑未来可能面临的挫败，一心一意地过好当下，会是一个不错的解决事情的办法。

在生活中，人们往往有很多选择。选择成为一个成功的人便需要付出很多代价。有时候，在一番竞争之后，剩下来的，也不就意味着是失败者，更不是对其人生价值的否定。

比如，当年你跟好几个朋友一起相约闯荡北京，但最终大浪淘沙，经过几年洗礼，很多朋友在尝过独自生活的苦涩与艰辛之后，纷纷背着行囊逃离了北京——他们觉得北京交通拥堵，空气污染严重，生活节奏过快，使他们不能享受更好的人生。而你却坚强地留在北京继续闯荡。

北京是一座宽容的城市，而每个人的去和留都是他个人百分百的自由，不管他作出什么样的决定也都是无可厚非的。

最后留在北京的人不一定就比逃离北京的人成功，或者最后留在北京的人也只是拥有一种不肯低头的倔强，一股源自心底的骄傲的自尊。

或许继续留在北京的你，多年之后仍然没能成功地闯下属于自己的一片天地，没有做到年薪多少多少万，没有在这里置房买车，没有走上什么人生的巅峰；或许你仍旧是某个不起眼小公司的一个普普通通的打工仔，每天拿着不多的薪水，独自在北京度过了人生中的第N个春节。

但是，最后留在北京的你依然坚持着当初的梦想，只要你持续努力，你就在追求梦想的道路上继续成长，就总有实现梦想的一天，而逃离北京的人只能重新去确立梦想，与曾经的梦想彻底挥手作别了。对于当初的梦想来说，你最终留下来了，相对逃离的人，无疑是一个了不起的成功。

按照世俗定义来说，成功就是拥有令人瞩目的事业。这是表象。事实上，在追求梦想的路上，我们只要能不断成长，收获了意料之外的收获，也是一种成功。因此，在一起追求梦想的人中，你能剩下来，就已经是非常了不起的成功。至少在别人都对未来产生怀疑，进而选择去过一种比较安逸的生活时，你仍能坚持最初自己来到这里的心愿，吃苦也好，付出也罢，心甘情愿地承受着这座城市给你的所有压力。

几年后的你，或许早已不再拥有当年那样年轻的身体，但你坚持追求梦想，你愿意让自己留下来并且相信未来某天一切都会变得美好，让你的灵魂显得年轻有活力，让你用来奋斗的青春延长了——这是你将来事业更上一层楼的宝贵财富。

此外，你能够剩下来，说明你酷爱自己所从事的事业，至少是不排斥的，是能够愉快工作的。很多人已经向生活缴械投降，而你还在继续努力坚持着，在从事自己喜欢的事业，这又何尝不是一种了不起的成功呢？更何况，从事自己喜欢的事业，只要坚持努力，最终是一定会取得令人瞩目的成就的。

对于爱情，我也相信剩下来的人，不管男生还是女生，本身已经是一种非常了不起的成功了。缘由有很多，其中最重要的一点是，谁都知道眼前这个时代是浮躁的，很多人甚至只是因为自己年纪到了、该成家了，或者是经受不住父母的唠叨而随便选择一个对象开始交往，进而走向婚姻。这样完成任务式的结婚，稍微花点心思和时间，谁都可以完成。然而，真正讲究的爱情却需要很长时间，有些人一辈子都在用心等待那个真正合适的人。

这一种“剩”又何尝不是一种了不起的成功！因为他们

明白自己想要的爱情究竟是何种模样，也愿意为了获得这样的爱情而付出等待，愿意顶住来自周围的各种压力而坚守。虽然他们的坚守会招致他人异样的目光，但我觉得应该给他们投出敬佩的目光。毕竟，他们起码自由地选择了自己想过的人生。

你的人生走到现在，当初的雄心壮志依然还在，这足以说明成为一个"剩者"是需要勇气的。因为这需要你对自己做出的选择负责，这是你有勇气坚持去实现当初的理想，不去考虑未来可能面临的挫败，静下心来一心一意地过好当下。

在某种意义上，人生有太多理想被残酷的现实所打败，最后在残酷的人生战场上，整个人颓丧到什么都没剩下。曾经你梦想的那种仗剑走天涯的豪迈，也早已消散在历史的风尘中，化作尘埃。能够剩下来的，就注定是非常了不起的成功。

8. 既然选择了远方，就只能风雨兼程

世界上有很多的路供人去选择，选择了一条自己没有走过的路便要准备接受在这条路上遇到风险；选择了一条自己都不知道方向，不知道归途的路便要准备接受在这条路上自己或许要忍受孤单寂寞的心情；选择了一条通向远方的路，那便要不停地告诉自己：路在远方，风雨兼程，自己选的路，再困难也要走过去。

成长是一个蜕变的过程。在成长过程中，我们一点点地褪去稚嫩，一点点地发现自己的优点和不足，而脚下的路也变得越来越清晰——我们开始知道自己想要什么，并开始选择以恰当方式为之拼搏，为之奋斗。这时，我们渐渐地发现自我的价值和那种因为探寻出自己而骄傲的情愫——我们真正成长、成熟起来了。

然而，成长过程并非一帆风顺。很多人选择做某些事情，

选择走向远方去实现自己的梦想，却在行走途中遇到了不少艰辛，遇到了不少磨难，从而犹豫自己的选择是否值得自己克服艰难困苦去探索，最终为一路的风雨所击退。

在前行的路上，或许很多人都问过自己：“我来这里做什么？我将来想要干什么，我的梦想是什么？”有的人知晓自己的梦想，有的人明白自己的诉求，有的人渴望能够拥有自己生命中的每一段时光——哪怕艰辛，哪怕困难，他终究要为此付出努力，终究要成全自己的奋斗。可是，同样地，有的人却无法明白自己走这一路是为了什么，无法知晓自己为什么在这么艰难的路上行走。于是，他们遇到风雨，便想要退缩，似乎逃避便能够将所有困难和风雨避开。

事实上，有谁的成长道路会是风平浪静呢？又有谁能一直那么平步青云地前进呢？生活总是充满惊奇和变数，在我们不经意的瞬间改变着我们的认知和行为。

或许，我们曾信誓旦旦地说自己是责任者，永不会止步，一定要成为最优秀的人；或许，我们曾因为自己取得一点点小成功而欣喜若狂，并不断以此为榜样激励自己不断向前；或许，我们曾满怀憧憬地对自己美好的未来进行了一次彻底的规划……

但是，当你屡战屡败时，当你看到周围的同学或者朋友过着逍遥自在的生活时，当你被理想与现实的差距一次又一次地刺痛时，绝望的心就开始滋长，它渐渐地侵占了你的精神，你的世界。这时，迷茫无助的你就可能会选择堕落，从而忘记了梦想，忘记了你是责任者。

无论我们处在怎样一个混浊的环境，请别忘了，我们是龙的传人，我们始终不能忘了要腾飞于高空，叱咤风云的使命。只要有一丝的光明渗入，我们便要用我们锐利的双眼捕捉住它，让它带领着我们穿越重重障碍，抵达我们渴望的巅峰。路在远方，请风雨兼程。我们已经不再是那个在父母怀中撒娇的小孩，我们是责任者，自强不息的继承人，我们既然选择了远方，就必然要抱着风雨兼程的想法，我们不再稚嫩，不再怯弱，学着丰裕自己的羽翼，期待着展翅飞翔！

在朋友开始选择去西部某地支教时，她母亲对她说："青青，你要去的话，就要做好充足的心理准备，你去的不是大都市，更不是小城镇，你去的是一个山区，是去给一群或许脏兮兮的孩子当老师、当保姆，要付出很多的艰辛，要忍得住寂寞，还得熬得过没有网络的日子，你能受得了吗?"

朋友没有迟疑，去了一个山村小学教书，一教便是两年。两年后，她的支教生活结束。面对送她的那些孩子和接她的亲朋好友，她哭了，哭得比孩子们都凶。在回家路上，她给我打电话，说：“其实，刚到那个学校，我的内心是崩溃的，比母亲说的还要崩溃，可是，想着这条路是自己选择的，自己给自己下了承诺，不管怎么糟糕，也要过下去，不能让自己在自己选择的路上变得言而无信。如果那样的话，那么，今后或许就会时常因为承受不住生活的苦难而放弃。我不愿意自己成为一个无法将自己的事情做好的人。我想，自己如果可以，那就一定要坚持住，风雨无阻。”

在生活中，每个人会遇到许多困难。有的人退缩了，因为害怕，因为无法承担起这份惊险——他们不愿意自己的生活变成不断地面对困难，不断地接受挑战，不愿意自己的生活中不停地充斥着选择。可是，人如果连一点选择都不能承担，如果连一点风雨都不愿意去抗击，那又如何让自己的生活变得更为美好？又怎样才能开启自己的精彩人生之旅？又怎样能够让人刮目相看？又怎样让自己对自己产生一种钦佩，让自己能够获得满足？

世界上有很多路供人去选择。我们选择了一条自己没有走过的路，便要有准备接受在这条路上遇到风险；我们选择了一条自己都不知道方向，不知道归途的路，便要有准备接受在这条路上自己或许要忍受孤单寂寞的心情；我们选择了一条通向远方的路，那便要不停地告诉自己，这条路上或许会遇到很多的事情，或许会让自己受伤，又或许自己也无法断定这条路能够让人拥有一个光鲜亮丽的前程，但却必须在行走的路上，在不断攀登途中告诉自己：路在远方，风雨兼程，自己选的路，再困难也要走过去。

路在远方，请风雨兼程。哪怕青冥长久，纵然绿水波澜，请告诉自己：我要走下去，我会走下去，我一定能走下去的！

9. 有所为有所不为，才能大有作为

为了保持自己人生的清白，为了将来能够有所作为，每个人都应该洁身自好，真正懂得哪些事情能做，哪些事情不能够触碰。

从小，我就听说过：君子有所为，有所不为。

这世界上，原本就有一些事是永远不能够去触碰的。那是你做人做事的底线，也是别人用来评价你的标准。其实，别人的评价怎样倒不是太重要，但做人最起码也要对得起自己的良心。

在某公司，做前台的小王在统计考勤时，总仗着自己职位上的便利，偷偷给自己和她要好的朋友放水。她明明好多次迟到，并被同事们撞见，却在每个月月末做考勤统计时，总是全勤。因为公司里明文规定杜绝背后打人小报告，同事们气愤之余，只好干瞪眼。

谁知道，时间久了，人事经理发现这件事了。平时对小王不满的员工，也趁机向人事经理揭发她经常这样做。于是，公司领导当着全公司员工的面，通报批评了小王，并宣布取消她的年终奖……

有损道德的事情是不能做的。有时，就算你得到了一些蝇头小利，时间到了，也还是要原封不动地还回来的。而对一些善意的事情，哪怕是再小的善意，我们也都要去做。比如，你出门前看到地上扔着一个矿泉水瓶，虽然着急赶着上班，但你也应弯腰捡起，毕竟捡一个瓶子浪费不了你多长时间，也让整个街道维持了其应有的干净。

在我们的日常生活中，有许许多多这样的小事情。很多人认为，反正也不是什么大不了的事情，做与不做，根本也谈不上什么好不好。抱着这样的想法那就真的是大错特错了。

很多美好的习惯都是从一点一滴积攒起来的。你喜欢写东西，今天写点，明天写点，随着时间流逝，你的写作技能就会有所增长；而你今天做一件小事帮助了别人，明天又做一件小事帮助了别人，慢慢地，说不定你会收获一个非常交心的朋友。“勿以善小而不为，勿以恶小而为之”，说的也就是这个道理。一个人只有深谙这些，才能逐渐形成自己的美好品德，一步步懂得究竟什么事情可以做，什么事情不可以做。这样下来，他才会在有朝一日做出大的作为。

看看，那些犯错甚至是犯罪的人，他们常常不知道为什么当初那样的行为会导致今天这般的恶果，每个人的脸上都写满了深深的忏悔，并且都一再地表示，如果再给他们一次重来的机会，一定不会选择去做那些伤天害理的事情。其原因就是，他们长期以来不知道做什么事是正确的或者错误的习惯，最终引发一系列恶果。

有很多人会心存侥幸心理，觉得自己之前没有做过什么坏事，偶尔一次不会被人发现，或者即便被发现，对方也会念在自己是初犯而不做过多追究。殊不知，一次偶然的得逞会激发人的贪婪。于是，一件又一件的坏事做下去。最终，他们亲手把自己送进了监狱。

这与做好事慢慢积累能做成一个几乎完美的人是一样的道理。毋庸置疑，那些常做好事的人，总会让人感觉到这个世界充满善意。因此，他们身边也大都围绕着很多非常友好、乐于帮助别人的朋友。而那些做坏事的人，坏人之间，也会因为个人利益而互相伤害，甚至是自相残杀。到最后，每个人的下场都是非常凄惨的。

我愿意相信，今天那些能够做出大作为的人，其实都是能够将是非善恶分得非常清楚的人。而他们对自己的行为也有非常严苛的要求。要知道，一个人做一件好事不算是一个好人，但尝试做了一件坏事就已经算是半个坏人了。

为了保持自己人生的清白，为了将来能够有所作为，每个人都应该洁身自好，真正懂得哪些事情能做，哪些事情不能够触碰。这个简单的道理，放在爱情上，也是一样。

人永远不能为了获得一些物质上的利益，就轻易地将自己的感情交付出去；也不能为了实现某种不为人知的目的，就去玩弄别人的感情。每天的时间已然少得可怜，就不能多找点正经的事情来做吗?

能够很好地控制自己的行为，不去碰触一些不该碰触的东西，而去投入一些该做的事情，这样的人一般大都也有超强的自控力。而自控力对于一个人未来能否成功，能否做出一番大事业的重要性，我相信每个人都懂。

第五章

你要说做就做，直奔理想的彼岸

几乎每个人都有自己的梦想，但实现梦想的人却不多。其关键因素是执行力。因为没有执行力，就没有竞争力；过去的执行力决定今天的生活，今天的执行力决定以后的日子。因此，你有了梦想后，就需要重视自己的执行力，就要说做就做，一鼓作气直奔理想的彼岸。

1. 遇事愿意尝试，你才能抓住成长的机会

懒惰是成功的第一大敌，遇到事情不愿意尝试，往往代表你对突破自己也全然没有什么信心。我相信这世界上的大部分人，都不是那种情愿做着单一重复工作到死的人，但凡有一点上进心，就会愿意多接触新鲜的事物和挑战，因为他们懂得，只有通过做事情，才能不断强化自身的能力，也才有希望等来自己明天的胜利。

我一直都知道，现代人集体患上了一种名叫“懒癌”的病。但却不知道，因为懒，还毁容了的。不过，说到底，这种行动上的懒惰，其根本缘由始于精神上的懒惰。

不知你是否也有同样的感受：工作忙碌了一天，下班回到家后，明明肚子很饿，却因为身心疲惫而懒得下楼吃顿饭？加班到夜里 11 点，回到家后，明明很想洗个澡，舒服一下，却躺在床上，怎么都不想走进浴室？上班工作时，跟同事讨

论周末要去哪里玩、吃什么好东西，结果到周末，却习惯宅在家里大门不出二门不迈，直把大好计划抛却脑后……

这种懒惰的思想，如今，同样很广泛地体现在了你对待工作的态度上。

遇到新问题，你总是不愿意尝试；而单位宣布新计划、新内容，你也总是习惯在第一时间向领导提出质疑：我们又不是什么大公司，我们的平台又不像大公司那么硬，我们几乎没人有过相关的工作经验，这个计划真的行得通吗？

在接到一项新任务时，你第一反应不是感觉到开心，不为终于能有新工作锻炼自己而欣慰，却习惯夹紧眉头的肌肉，将两条眉毛锁得死死的，在心里犯嘀咕："凭什么安排给我啊？我又没干过！"

殊不知，正是在这样的恶性循环里，任凭在职场打拼多少年，你的能力却也未能得到丝毫的增长。

很多人都渴望自己能够在职场上闯出属于自己的一片天地。更有雄心壮志者，渴望能够收获一份事业。可是，懒惰是成功的第一大敌。遇到事情不愿意尝试，往往代表你对突破自己全然没有什么信心。这世界上的大部分人都不是那种情愿做着单一重复工作到死的人，但凡有一点上进心，就会愿意多接触新鲜的事物和挑战，因为他们懂得，只有通过做事情才能不断强化自身的能力，也才有希望等来自己明天的胜利。

就算一个人没有什么宏图大志，不想做老板，只打算简简单单有份工作，也是必须要让自己学着成长，学着变大变强。这个社会弱肉强食，就像达尔文所说的自然法则一般，“物竞天择，适者生存”。你不努力，不上进，每天都只是原地踏步，总有一天，也会被别人追上并且为整个社会所淘汰。

竞争，从本质上来说，就是一种促使社会平稳地向前发展的特质。

记得我在上家公司工作时，我们部门有个男生每次开会总不喜欢发言。直到老总亲自点名，他才被迫扭扭捏捏地随便应对两句。终于有一天，我发现他的工位全部清空了。原来，老总对他的散漫忍无可忍，吩咐人事经理辞退了他。

那天，当我登录 QQ，却发现他的签名由之前的“劳资就是要舒舒服服按照自己的意愿过日子”改换成了“不愿意改变自己，就等着别人逼你改变自己吧”。可见，拒绝接受和尝试新事物的人迟早也不融于职场。

上学时，老师总说，有些事你要去做，才能领悟其中的真谛；而为什么在参加工作后，领导也总说，出现错误并不可怕，只要从中总结经验，督促自己下次改正就好。其根本原因是，我们每次所学到的本领，领悟到的道理，也有在替自己交学费的那部分。毕竟我们学到了东西，是需要有所付出的。

谁都知道，每日重复做自己擅长的事情是非常安逸的——那些你早已熟记于心的计算公式、表格文档等，只要你动动手指，就能把一天的时间全部熬过去。但是，对不熟悉的领域，谁都避免不了绞尽脑汁、费尽心思，踏踏实实地动脑筋去做；面对新的难题，谁都会有感到棘手的瞬间——每个人总会遇到这样的问题：第一次处理复杂的人际关系，第一次单独联系名人采访，第一次熬夜剪辑电影花絮……

对于这些事，如果你真的很努力地去尝试了，上天自会给你一个圆满的答案，而那些连尝试都不愿意的人，也不配获得一个更好的明天。所以，下一次再接到领导布置的新任务时，请你给自己个笑脸，告诉自己，你一定能行！

2. 你必须有自己的兴趣，最好与自己的目标结合起来

也许，拥有一项或几项兴趣的你，并不能因此就成为多么独一无二的人，却能使你总能感激每天活着的岁月。

一个没有兴趣的人，让人感到索然无味。对我们来说，兴趣是至关重要的。因为，有时候你的兴趣就是你在他人心目中的标识性符号，是你被人认同或者记住的关键点。

例如，大学毕业多年后，组织同学聚会时，你可能很多人的名字都记不起来，很多人的长相都记不起来，但一说起那个擅长什么什么的人，那个喜欢什么什么的人，你将会一下子记起他是谁，说出他的名字，甚至回忆起他当年不经意间留给你的某个片段……

或许你当年与他交往并不多，关系并不亲密，但你就是这么巧能记得他，而没兴趣或者特征不明显的人，无论对方提供的描述语言再多，形容再贴切，你搜遍了记忆的每一个

角落，最终可能依旧是一片空白。

有人曾经说过，那些有一项自己特殊兴趣的人，总能轻易地在别人的记忆里留下痕迹。虽然这并不是一件多么伟大的事情，但至少证明——那个你所放不下的兴趣，证明了你，代表了你，说明了你。也许，拥有一项或几项兴趣的你，并不能因此就成为多么独一无二的人，却能使你总能感激每天活着的岁月。

当然，每个人的兴趣是不尽相同的，我们可以选择的兴趣爱好也很多。你可以是一个电影迷，让你的未来每一天都能在精彩的影像世界里度过；你可以是一个书迷，给自己布置一个弥漫了书香气息的房间；你甚至可以是一个吃货，总能找到时间出现在城市里、街道上的每个特色小店，用各种美味的食物填满你的胃，然后回家学着店里厨师的模样，把一道道精美的菜肴做给心爱的他（她）吃……

有兴趣的人的生活是有颜色的，有兴趣的人的形象在他人眼中是有明显标识的。这一点，在提到某个故友或者回忆起某段往事时会显得特别明显。例如，我们年少时那份对异性懵懂的喜欢之情，也多少掺杂了一些对他（她）能有标识性的兴趣的崇拜之意。如今，我们或许早已忘记当年暗恋过的异性的脸，却能深刻地记得谁谁谁喜欢弹琴，谁谁谁喜欢电影，谁谁谁喜欢追星……他们那种谈起偶像或兴趣脸上所携带的那种神采飞扬，至今令我们难忘。

不仅如此，我们有了自己的兴趣，也能让自己更好地朝着既定目标前进。在毕业要择业时，很多人感到迷茫。因为他们不知道自己喜欢干什么，能干什么。究其原因，是因为他们从来没有一份自己的兴趣，所以面对很多行业，面对自己将来的职业道路，心里自然就没底。

有兴趣的人，也总能领先同龄人先找到自己毕生的奋斗目标，最后也就能更早拥有收获。

两年前，我给大学同学打电话，想不到毕业几年后，他已是出版业内赫赫有名的设计师。当初，我们在大学里刚认识时，他对所有人的自我介绍就是他很喜欢美术设计。正因为他酷爱美术设计，大学毕业后，他义无反顾地来到北京。他从一个不知名小公司的美术编辑做起，经过几年的磨炼，最终成为业内有名的设计师。

因为业务相关联，我与他的交往渐渐多起来，彼此之间经常在微信里分享一下美文、美图、美景。我欣喜地发现，他跟我分享自己生活在北京的每一天都充满了艺术视觉上的美感。这或许是对工作充满了热情，生活也回报他以热情。

彼此之间相互分享多了，我逐渐对他产生了钦佩：北京早晚高峰的堵车频繁，他却没像很多人一样失去奋斗的动力，反而像打了“鸡血”一样迎接生命中的每一天，依然能兴致高昂地投入到设计工作中去。如此好的心态，如此陶醉于自己的兴趣，这怎么不令人钦佩和羡慕呢？

事实上，一个人如果能将自己的兴趣和事业有效结合在一起，在快乐中为梦想奋斗，那将会非常容易取得成就的，会最大限度发掘自己潜能的。

在喜欢上了旅行后，我们会发现走出家门的自己，不仅能看到更多的风景，还能认识很多新朋友，甚至事业上的合作者或者贵人。而事实上，有不少生意或者生意合作伙伴，你与对方有共同的兴趣爱好，也成为促成交易和合作的重要因素。

不难看出，在追求梦想的路上，你要紧紧盯着自己的目标，更要培养自己的兴趣爱好，努力将自己的兴趣爱好和事业融合起来。这样，你追求梦想的路上将会充满乐趣，你实现梦想将会遇到更多贵人或者志同道合者，从而更容易实现梦想。因此，从今天开始，拥有一个属于自己的兴趣吧，然后朝着自己的目标努力，相信总有一天，你会遇见更完美的自己。

3. 规划好人生后，你剩下的就是全力以赴去执行

事情是做出来的，不是规划出来的。一个人将自己的梦想蓝图勾画得再好，但她不去努力实践，不去坚持，最后也将是一事无成。既然决定开始，前方注定风雨兼程。

曾经听过一句话：不计划的人生不值得一过。当你拥有一定的人生阅历后，你会深深理解其深意的。生活和岁月是我们最好的老师，它们一直都在教导我们学习和领悟各种道理。蓦然回首，我们会忽然明白之前考试成绩好的同学，都是那些早早制订了学习计划的人。

为什么规划对于一个人来说如此重要呢？一方面是因为上天留给每个人的时间都是有限的，我们应该好好利用时间去完成一些自己所能甚至是所想的事情，有规划无疑能有效地提高效率；另一方面是因为没有计划的人生，就好像没有方向的航行，不管多努力，都走不到真正想要到达的地方的。

周洁是大龄未婚女青年。她常听到长辈们唠叨："你要早点重视找对象结婚这档子事儿。人这一辈子时间很短暂，每个年纪都有每个年纪应该要做的事情，童年负责嬉戏玩要，24 岁之前努力读书，而一旦走上社会，就要认真工作，早点成家……成家立业成家立业，你可以先成家再立业。"

听到这些话，她或许很烦，但客观分析这段话，也未必没道理。随着生活阅历的增多，我们会越来越意识到，做事有规划，好好掌握自己的时间，是非常重要的。因为，如果我们做什么都没规划，将会感到什么事都要做，却不知道从哪里入手。

正因为规划重要，在追求梦想的道路上，几乎每个人都给自己的人生做了规划。不过，并不是每个人都会实现梦想。这是为什么呢？因为实现计划最关键的一步没做——没有"立即行动"，没有全力以赴去执行。

有位哲人说，你最大的问题是想得多而做得少。这是现代人的一个通病。我们每个人身上都可能存在。

例如，你想周末一家三口开车去找个风景优美的地方旅行，或者你打算在过年之前攒够买一套黄金首饰的钱，将来买了送给妈妈，又或者你打算控制下自己的情绪，给自己一个相对宁静的生活空间……这些无疑都是很美好的规划，任何人都会赞成和支持你做。可是，接下来的问题就是，你要全力以赴地去执行，去很好地完成自己所制订的一系列计划。不然，你的计划就是空的，没有任何意义。

这个世界不缺乏空想主义者，成功也不会钟情于空想主义者，而是最终情归那些为了梦想立即去奋斗的人。因为他们去行动，去奋斗，去努力，他们不知不觉地实现了梦想，主动上前拥抱了成功。

我有个朋友叫徐海超。他曾经说过，他的梦想就是去旅行，用有限的生命去欣赏无限的风景。当他跟我谈起他准备在十年之内踏遍祖国万里河山的梦想时，我以为他在说梦话，嘲笑他的口气大。他信誓旦旦地表示，他能说到做到。

后来，每隔一段时间，我都能收到他发来的邮件。每次打开，我都看到他穿着户外服，戴着太阳镜，微笑着摆出各种他认为酷的动作，而背景则是各个城市里最著名的景点——那些风景，我只在电影或是网上见过。

慢慢地，我意识到，当初他那个被我视为笑话的梦想正在一点点变成现实，真真切切地出现在了我面前。

这个旅游达人！我不得不佩服他的精神了。他并不富有，生活压力也比较大，但他却始终靠着自己认认真真地用自己的生命去实现他的梦想，而且将看似不可能实现的梦想一点点地给实现了。

我在微信上问他是怎么做到的。他跟我开玩笑地回：那种大话也不是只对你一个人说过，我觉得如果不去做，真的挺对不起自己的，毕竟那是一件自己非常想去做的事情。我不想其他的，努力去做，一步一步地，就做到了……

我衷心地羡慕他了。他这虽然算不上令人瞩目的成就，但他规划了人生后，就全力以赴地执行，这种精神值得我佩服。

事实上，规划人生涉及内容很广泛，工作、婚姻、人生理想等，都算是人生旅程里的一部分，也都是值得我们规划的对象。而后，我们能否全力以赴地去完成规划，则是决定我们的梦想能否实现的最关键一步。因为，做规划只是做了个开头，有些人做事虎头蛇尾，最终导致有规划最终却实现不了梦想；有些人做事虎头虎尾，这是真正令人钦佩的，他们有较强的执行力，能克服重重困难，一点点去做，直至最终实现梦想。

在追求梦想的道路上，我们一定要懂得：事情是做出来的，不是规划出来的。一个人将自己的梦想蓝图勾画得再好，但他不去努力实践，不去坚持，最后也将是一事无成。因此，我们既然决定开始，就注定要风雨兼程，要加强自己的执行力，杜绝各种拖延症、懒人症，学会坚持，让自己变得坚强，不实现目标不罢休。唯有这样，我们现在的努力才会有结果，我们的所有努力和拼搏都将是有价值的。

4. 你要拥抱人生的不完美，让闪亮的更闪亮

学会拥抱自己的不完美，是一种自我救赎，是学着与不够美好的自己达成一种和解。而这种力量，是可以帮助你在未来的人生道路上，成为更好的自己的。

每个人，都希望今天的自己能比昨天的自己过得更好一些。例如，有人觉得自己的脸形不够完美，她会盘算着怎么攒钱，然后去整容；有人觉得自己的性格不是很好，她会下意识学着调整自己的心情，并会在紧急关头控制下自己的脾气。这些都是追求完美的举动。

我们追求完美无可厚非，但必须得清楚，人无完人，世界上原本就没有完美的人或物，追求完美只能是一种愿望而已，缺憾美是一种普遍的客观存在。

人们津津乐道的美神维纳斯却断了一双臂膀；被画家们欣赏了百年之余的《蒙娜丽莎的微笑》，其主角蒙娜丽莎是

一个身材臃肿长相平凡的普通人。但有缺憾并不重要，维纳斯其他方面的长处足够闪亮，蒙娜丽莎的眼神足够迷人，因为所有的这些不完美，一点都不影响它们成为人们心中的完美，进而让它们最终能够流芳百世。

有缺憾的美也能美得如此醉人！这对我们来说，是一个很有价值的启示：真的迷人的美，不在于它是否存在瑕疵，而在于它闪亮的部分有多吸引人。引申开来，我们能够被人认同或推崇的价值，不在于我们是否有不完美的地方，而在于我们闪亮的地方是否足够吸引他人。

在生活中，我们看到的所谓美，并不是真正意义上的完美，而是有缺憾的但某一方面特别闪亮的地方。因为那里闪亮，所以吸引了我们的目光，所以让我们羡慕，但是，如果我们每个人都拥有那样的闪亮，那么羡慕之情就会消失，对我们的吸引力也大大降低，其闪亮在我们眼中也会变得平常，最终导致我们视而不见。

例如，如果每个人都整容整成某明星一样的高鼻梁、瓜子脸，大家出门你看我，我看你全部都长一个模样，我们还会对这种相貌有多大的兴趣，还会认为这种相貌美丽吗？世界的美就美在它的丰富性，多样性，甚至是不完美性。千面一孔，是难以让人感觉出美感，难以让人感知其魅力的。

事实上，一个性格有些小缺陷的人，虽然谈不上完美，但只要她有亮点，有值得闪亮的地方，她的小缺陷就变成了她闪亮点的陪衬，让她的闪亮点更令人瞩目，从而容易使人觉得她可爱。比如，一个女孩子长得不漂亮，但她爱笑，嘴巴甜，结果她人缘也非常不错，大家非常喜欢她，她的小日子过得令人羡慕。

相反，那些追求完美的人，不想接纳自己不完美的人，却往往会因为觉得自己不完美，刻意去追求完美，最终引发悲剧发生。

据不完全数据统计，我国每年有约 5 万人去韩国进行整容，失败的多成功的少，那些整容失败的人在饱受丑陋给自己带来的严重影响的同时，还要辛辛苦苦地往返两国奔波在自己的维权之旅上。她们中的很多人，维权官司打了好几年都得不到一个合理的解释，更别谈失败的赔偿金了。而这一切，也都只能自己流泪咽下。

此外，还有一些对自己性格不满的人，不去接受和改变，反而开始自暴自弃，最后将原本拥有的一些优点也给埋没了。老话常说，一个活得精彩的人，不是尽可能少地展现他的缺点，而是尽可能多地放大他的优点——你也只有彻底接受自己本身所具有的一些不完美，才能成功地接受自己这个人，进而将所拥有的优点，很好地发挥出来。

学会拥抱自己的不完美，是一种自我救赎，是学着与不够美好的自己达成一种和解。而这种力量，是可以帮助你在未来的人生道路上，成为更好的自己。而拒绝接受自己的不完美，是对自己的一种酷刑，一种无力的惩罚。人类是很渺小的，一个人的精力也是有限的。徒劳将精力放在一件很难改变的事上，只会让自己活得更累，而不能得到任何时光的馈赠与补偿。

学着接受自己的不完美，世界就会向你敞开一扇亮窗，你会看见，外面的天空有多广阔、包容，那云层之上除了身形美丽的燕子在飞，也有外形并不出众的老鹰甚至是麻雀，那又能怎么样呢？至少它们也拥有飞翔的本能，一样可以真切地体会到自由的可贵能量。

所以，为什么不给自己一个机会，接受自身的不完美，然后多用心在你所具备的优点与特长上，让它们为你整个人生赢得光彩，让自己走出不一样的道路。

也许，你需要改变的，只是自己看待问题的角度。放下心中对完美的追求，从现在开始接纳平凡的自己，你一定可以做到不一样的美丽，因为你如果看得起自己，就没人有资格看不起你。

5. 对你而言，最深刻的理解就是认识自己

如果你想要自己的人生扎扎实实，每一天都过得心安理得，对自己遇到的每件事以及在未来的每个路口都想要有个清晰的认知，就先花时间来认识下你自己吧！

在儿童时期，我们就开始认识我们眼前的世界。你也许记得自己第一次看到山是青的，水是绿的，地上的花朵开着各种各样的颜色，那究竟是怎样的一种心情。我们生来长着一双充满好奇的眼睛，也曾用许多时间花费许多心思，通过一点点小事与这个世界进行沟通，进行了解。

然而，我们对周边所有事物的认知，也不及我们对自身的挖掘与认知更重要。

夜深人静时，你有没有问过自己，“我是谁，我从哪里来，要到哪里去?”问这样的问题，是为了让你跟自己的灵魂有一次深刻的对话，让自己更了解自己。有人说，懂别人

不难，难的是懂自己。不知从何时起，我发现我们需要很多来自外界的关心与力量支援，才能够坚强地活下去。

去年，我表侄女丽君失恋了。她辞掉了工作，整天闷在家里，饭也不吃，水也不喝，直到危及生命才拖着疲累的身体走出房间，用尽最后的力气打了“120”进行自救。

表哥表嫂得知此事，将丽君接回家中，从此寸步不离地照看着。

过了两个月后，冷静下来的丽君终于想开了，在县城里找了份工作，踏踏实实地上班，开始新的生活。

当有人问起她为什么要这么虐待自己时，她恍惚地说：“那时候，没有人在身边安慰，我觉得自己形单影只，为世界所弃，突然觉得不结束生命不行……”原来，一个人在脆弱时，一份失恋的打击竟有将其覆灭的摧毁力。

同样的事情发生在我一个朋友郭海霞身上。她却很理智，烧掉了前男友留下的礼物、信件，给自己一天时间发呆和回忆，然后将一切从记忆里抹去。等到太阳再次升起时，她已做回了那个开心到极致的自己。

为什么同样的遭遇，却让两个人作出了完全不同的决定？诚然，每个人的性格不同，对同一件事的看法也就截然不同。但是，一个人倘若能正确地认识自己，就可以在坏事来临时，及时地找到可解决的办法，很好地化解危机！

有人说，人的一生就是不断与世界和解，与自己和解的一生。你不想看到某人，你可以躲避在家里，选择不去见他；你不想理会的事情，你也大可找借口推脱，故意不去搭理，可是你是无法回避自己的，因为任何时候，你都有自己作陪。

人们常常会语重心长地告诫他人：好好对待自己。为什么人们会说出这样的话？那是因为随着年纪的增长，他们越来越认识到自己的重要性。

世界是以你为主体来感知一切的。我是谁，从哪里来，到哪里去，如果可以早点清楚这些问题，每个人都能收获比现在更多的东西。因为一些发生改变的事情，其结果往往有可能是好的。比如，一些人固执，但随着多次碰壁，他变得可通融；一些人严肃，但随着多次与人交集，他开始让自己变得亲切。

很多时候，你只有认识自己，才能更好地去改变自己。这需要你跟自己来一场灵魂深处的对话。特别在遇到重要事情时，或者犯了一些错误时，你要回想自己为什么选择那么做，为什么没能及时地控制自己的脾气等。

不识庐山真面目，只缘身在此山中。了解别人或许没有特别难的，但认识和了解自己才是真正难的。不过，只有在了解了自己后，你才能给出当下自己承担的所有的一切一个较为合理的解释。比如，你为什么会宁愿选择留在大城市吃苦，也不愿回到小城镇安享毫无负担的余生；你为什么总是容易冲动，这样带来的后果是什么以及你今后将怎样改进等。

当然，认识自己不仅不简单，而且是一个漫长的过程。因此，如果你决定踏上这趟旅程，就请你准备给自己多一些的时间去实践、去经历。哪怕用掉一两年的时间，你也只能摸索到关于自己的一点奥秘，你也可以学着将自己人性中的光芒继续放大，而将不好的一面努力修饰。我始终相信，不修饰的人生是残缺的，没有尽心尽力。而这样的人生，实在是辜负了造物主对你这个生命的塑造与恩赐。

最后，更好地认知自己也是做到能够接纳自己的第一步，试想你连自己是怎样的都不清楚，又何谈去接受自己。

如果你想要自己的人生扎扎实实，每一天都过得心安理得，对自己遇到的每件事以及在未来的每个路口都想要有个清晰的认知，就先花时间来认识下你自己吧！

6. 对别人苛求，还不如对自己狠一点

很多时候出现问题，你不能肯定一定就是对方的责任，要知道人无完人，自己也很有可能犯错的。而懂得第一时间从自身找问题的人，不但会使人感觉你这个人的品格操守都很高尚，在与人相处起来时，也会使人倍感舒服。

不知从何时起，每每出了问题，我们总习惯从身边人找原因。例如，一个项目整个团队努力了半年，最后黄了，每个人都很伤心，领导将组员们聚在一起讨论失败的缘由，却不曾听到一个人主动承认自己少做了什么，做错了什么，说得最多的却是其他部门的同事如何如何不配合，大领导如何如何干涉等；一对相恋多年的恋人，彼此都付出了时间和精力最终还是没能走到一起，两个人谈起这段失败的感情，却总习惯抱怨对方如何如何不包容、不体贴，却很少有人主动承认是自己哪里做得不对惹对方伤心才导致分手。

这样的事情太多了，听得多了，人们就很容易见怪不怪。久而久之，大家也都不约而同地形成了一种思维：工作我随便做做，反正失败了不会是我一个人的错；感情我随便谈谈，反正分手了肯定也有对方的责任，可是却忘记了，我们工作的目的不是为了失败，我们谈恋爱想要的结果也不是为了分手。为什么就不能静下心来，好好从自身找找原因呢？

王丽娟是与我联系较多的一个女同学。因为经常在微信中聊几句，她有高兴或者悲伤的事，也跟我说说。

有一次，她跟老公吵架之后，气呼呼地打电话约我。一见面，她就气呼呼地数落自己的男人不好——从他的穿衣打扮到行为举止，从他的说话到喜好，被批得体无完肤。

如果他真的是那么糟糕的话，那么你当初为什么喜欢他呢？如果他真的是那么糟糕的话，那么你当初干吗会选择嫁给他？如果他真的是那么糟糕的话，那么你有必要这么贬低他吗？直接离婚吧！

听了我毫不给面子的话，她呆呆地问我：离婚？为什么要离婚啊？

他那么差，你还有必要跟他生气吗？既然那样地讨厌，那就离开好了！如果他没有那么差，你就消消气，双方都反省反省一下。

她沉默了一会儿，邀请陪她喝一杯咖啡去。我满足了她的要求，并与她进行了一次深入的谈话。

她平静下来后，跟我讲了整个吵架的经历。结果，我和她都发现，他们闹别扭都是因为她脾气太急，很多事还没个结果就开始朝坏的方向想，最后终于惹得双方大爆发，争吵不休。她说，她决定好好改改自己的脾气，换一种平和的心境来与身边每个人相处。

那之后的一段时间，她跟我联系时，再也没吐槽老公不好，而是时不时在微信里含蓄表扬一下她老公。

与其苛求别人，不如从自己的身上找问题、找原因。因为很多时候出现问题，你不能肯定一定就是对方的责任，要知道人无完人，自己也是很有可能犯错的。而懂得第一时间从自身找问题的人，不但会使人感觉你这个人的品格操守都很高尚，在与人相处起来时，也会使人倍感舒服。而这将会为你带来很多意想不到的好处。

你不对自己狠一点，有些毛病你永远也改不掉，也就没办法看到，自己究竟可以变得有多美好。那些你所钦佩的人，他们的成功也绝对是建立在对自己的严苛要求上，而不是取决于对别人的过度苛责。也许细心一点你就能发现，那些出了问题只会从别人身上找原因的人，大多也是不被人接受和喜爱的。

比如，我们所熟知的一些偶像，在他们成功之后，各种渠道都曾大写特写他们未成名前所经历的磨难，许多人都是吃了很多苦才站在今天的位置，有了今天的风采，要是靠着苛求别人能实现这样，每个人都可以成才。

当然，对自己狠，并不是完不成任务不给自己吃饭或喝水的这种浅显的狠，而是你要习惯给自己制订计划和任务，并要求自己在规定的时间内完成；又或者有意地规避和减少自己因性格缺陷所带来的不好的影响等。

对自己狠的人是一个对明天充满希望的人，他（她）清楚自己想要一个怎样的未来，也愿意为实现这样的目标去努力、去奋斗、去塑造自己。而这样的过程是很痛苦的，不是一时半会儿就可以达成，许多改变需要认真下决定，然后循序渐进地去完成；许多目标也需要你真正脚踏实地，才能有所成长。

幻想是美好的，然而幻想中的美好人生毕竟不切实际，我们所能把握的就只有当下，我们所能锻造的，也仅仅是当下的自己。

在我大学毕业即将走上职场时，我的一个长辈就曾告诉我，你要学会对自己狠。

当他义正词严地说出这句话时，我才能够稍稍领悟到他说这句话背后的用意，我才真正对他心生一股敬意。就像歌词里唱到的那样，“没有人能够随随便便就成功”，都是在付出了许多努力之后，也就是对自己够狠，那些人才获得了自己应得的一切。

反过来，如果今天你对自己“手下留情”，困了就去睡觉，哪怕明知有重要任务需要完成；想放松就找朋友出去喝酒，哪怕知道明天对自己来说是个重要的日子，而你理应完成一些准备工作。这样的人，我相信他得到的后果必定是“先甜后苦”。

“一屋不扫何以扫天下”就是这个道理，你连自家的房屋都懒得去收拾打扫，又谈什么征服其他呢！

如果你不想自己活一辈子那么窝囊，就从此刻开始严格要求自己，凡事学会从自身找原因，将未来交到自己手上吧！

7. 管理好自己的时间，你将从容地走向成功

当你做了时间的主人，你也就做了自己人生的赢家。合理管理时间，成功之路由此开启。

众所周知，时间对我们每个人都很重要。一个不会管理时间的人，是很难取得成功的。

我们经常看到一些商界的成功人士写传记传授自己的成功秘诀。其内容林林总总，不管具体写些什么，却总有一条会出现，那就是关于对时间的合理分配。因为，一个有拖延症的人是与成功绝缘的。

在伦敦郊外，有一个小村子，那里空气清新，风景宜人，有一对老朋友克里和戴维生活在那里，他们的房屋相邻而建，每到春暖花开时，二人就会结伴去不远处的山谷看一看，那里山花与松叶所散发的清香弥漫，让人神清气爽。

不过，让两位老人不尽兴的是，在通往山谷的路上，总

是有一棵胡杨树挡在路中间，每次开车路过时，他们不得不小心翼翼地绕过它。有一次，克里又与戴维相约去山谷采些野菜，在路过那棵讨厌的胡杨树时，他俩异口同声地说："不如我们把它砍掉吧！这实在是太讨厌了。"

两人相视一笑，说："这的确是个好主意，不如我们明天就带着工具开始干吧！"

第二天，克里早早地起来，去叫戴维一起去砍树，可是，戴维说："哦，对不起，老伙计，今天我有一件非常重要的事情需要处理，所以……"

克里笑了笑说："好吧！那我们过几天再去吧！正好明天我也有些事情需要办。"

然而，相约的时间到了，他们还是没有去做这件事情，因为这次是克里有事情要忙。

就这样，这件事情似乎被无限期拖下去了，因为每次二人谈及此事时，他们都会有一些意外的事情要去处理。

时光荏苒，光阴似箭，一年、两年、五年、十年、二十年……还是50多岁时想做的事情，直到两人两鬓斑白还没有做成。

诚然，要说几十年间，他们没时间砍一棵胡杨树，那是断然不可信的，但是，他们没有效管理好自己的时间，导致总是没时间去砍那棵树，导致几十年后都实现不了那一个小小的目标。在成长过程中，我们是不是也因为管理不好时间，导致自己做很小的一件事却很长时间都做不好呢？

时间就是生命，时间就是效率，时间就是金钱。很多事情，原本自有其发展道理，需要你按照特定的时间，一步步按部就班去做，但你却习惯今天耽误一点，明天又耽误一点，时间长了，这件原本早该完成的事情，也就变得遥遥无期了。这样，我们的生命被浪费了，我们的效率变得无限度地低，我们最终的收获也近乎零。

一个不能合理安排和管理自己时间的人，总会让自己身处焦虑之中，无法自拔。领导周一安排了工作，要求你周三把这件事落实完成，你却习惯周一周二先闲着，等到了周三你想要开始着手这件事，却发现一大早别的同事已经“上交了作业”，这下你开始慌了，做的过程中因为心里有很多担忧而出了不少岔子，最终不能保质保量完成任务。因为你没有合理安排，也就没拿出自己最好的状态来对待这件事，领导自然不会对你的工作满意。

长此以往，你会发现，这种习惯会直接影响你的职业发展，升职加薪就不用说了，严重的，甚至丢掉目前的这份工作。

“今日事，今日毕。”说的就是今天的事情就要今天做完，不能养成拖拉的习惯。要知道你每次会给自己找理由放松拖拉，拖拉到最后，拖拉的是自己而已。

合理管理自己的时间，除了尽量做到不拖拉以外，还要学会合理地分配。事情总是有重要、次要之分的，要学会先做重要的事情，然后次之，最后去处理那些可有可无的小事件。“一天之计在于晨”，每天清晨是人精神最好活力最盛的时刻，这时候理应拿来处理一天中最重要的事情，到了下午，人开始变得浑浑噩噩，就要适应着做些小难度的事情了，这样做最终是为了提升自己办事的效率，让自己学会更有效地解决事情。

如果你够仔细，就不难发现，每个通向成功的大门，都是由一道道困难阻隔着，就像你玩游戏所过的关卡一样，合理地利用时间，才能一步步闯过关卡，直至通关。

一个有时间概念的人，通常也会受到别人的尊敬。对时间的重视程度，也可以衡量出一个人的生活品质。什么时间认真处理工作，什么时间好好跟家人吃顿饭，什么时间跟女朋友逛商场看电影约会，什么时间做回一个安静的自己，哪怕什么都不干，只静静地享受属于自己的那段时间。这都有很深刻的学问，也许对时间的合理利用与安排，在短时间内看不出什么奇效，但总有一天，你会发现它的好处。

我愿意相信那些事业成功，抑或体态保持健美的人，都是很会安排和管理时间的，而时间对他们自身的作用，也绝对一直都是优良的。当你做了时间的主人，你也就做了自己人生的赢家。合理管理时间，成功之路由此开启。

8. 勇于尝试，从中寻找成就感与自信心

时间是无法倒流的，人生是无法回头的。很多事情你不亲自去试试，而是仅靠别人的一句“不行，你做不来”就把自己给否定了，那么等将来你再回首这段往事时，想必一定不能原谅当年鲁莽的自己。

对于任何事情来说，事实是最强有力的说服者。

“十一”回家，今年刚上初一的侄女兴冲冲地跑来跟我说她想报名参加学校组织的新人演讲，为此她每天都坚持写原创日记，并大声背诵。但是，侄女她妈却突然用一种近乎嘲笑的语气说：尽说大话，就凭你，小学数学都还学不好呢！

侄女脸刷地红了，没再说什么，一抹失落的神情从她的脸上闪过，一个人默默地走回了房间。

不知道从什么时候开始，大人们习惯对孩子们频频使用“语言暴力”。侄女还小时，因对这个世界充满好奇而到处走

走爬爬，曾拿着碗筷不停地跑。侄女她妈则不停地在身后追着嚷：“快放下，快放下，你会打碎的！”

就算真的打碎又能怎样？无非摔了一个碗而已。让孩子这不准那不行的，是在抹杀她好奇的天性啊！再说，不让她去不断尝试，她又怎么能对生活有深刻体会，怎么可能从生活中获得成就感和自信心呢？

遗憾的是，我的质疑并没起到什么作用。因为渐渐长大的侄女，已经习惯了在大人们循规蹈矩的习惯里生活，现在的她做着大人们允许做的事情，说着大人们喜欢听的话语。

想到了这些，我也不再顾及什么，站起来去敲她关闭的房门：你想去参加演讲，就去试一下吧！别因为他人的不认可，就否定自己的能力。谁说数学成绩不好演讲也没资格的呢？如果真的是这样，那世界上数学考不好的人太多了，岂不是什么也做不成了？

她勉强答应了。我还许诺，如果她参加演讲比赛得了名次，我将给予1000元物质奖励。后来，侄女得了第三名，还拍了照，通过微信发给我看。我非常开心地给她兑现了承诺，并对她说：没试过的话，你不要深信别人说不行，别人说不行，那是基于别人的经验，与你没关系的，你行不行，只有自己亲自试过了才知道。

人，永远不要让别人的评价，妨碍了自己前进的道路，甚至是想要做成某件事的决心。因为，别人就是别人，怎么可能真正了解你。

别人只是轻描淡写地说上几句话，而你却要为此背负沉重的枷锁，甚至为此耽误自己的时间，这不是很可悲吗！想要做什么事情，准备好了就去做，哪怕你真的没有做成的能力，也是在试过之后才能知道。

在追求梦想的路上，我们需要读书学知识，需要学习和借鉴别人的经验，但这些仅仅是借鉴而已，对你的成功与否没有决定性影响。因此，你不能简单依据别人的经验来断定自己行不行，或者依据别人的经验来给自己设限。很多事情你不亲自去试试，而是仅靠别人的一句“不行，你做不来”就把自己给否定了，那么等将来你再回首这段往事时，想必一定不能原谅当年鲁莽的自己。

人要学会主动避开一些所谓的“伤害”，因为别人不是你，不会站在你的角度替你考虑问题，俗话说“恶语伤人六月寒”，说一句伤人的话还不简单吗？难的是当别人做了这说混账话的糊涂人，你要有足够强大的内心，来承受这些话所对你造成的伤害。

忽然明白为何圣人到最后，都能够做到抛却诸多烦恼，只一心一意地想要做个“赏庭前花开花落，看天边云卷云舒”的恬淡快乐人，因为他们终于懂得，迎接伤害的最好办法，是听从自己的内心。当你足够了解自己时，一定不会为这些带有或嘲笑或讽刺意味的话语所伤害了，因为你深谙他们口中的那个失败者不是真正的你。

很多事情你不亲自试一试，又怎么能笃定自己一定做不来呢？退一步讲，就算真的尝试了，失败了，又有什么关系？至少你的时间，你的精力，都曾付给过真正想去做的事情，就算将来老了，回忆起来，也不会再感觉到遗憾了。实现自己的梦想，走自己的路，让别人去说吧，不能依据别人的经验来判定你的能力或者未来。

9. 你要坚信，奇迹也可以发生在自己身上

相信奇迹可以发生在自己身上的人是充满阳光的。他知道自己能行，也肯为了心中的目标去努力，但可惜在现实生活中，有些人真的太脆弱了，几乎一次失败就能彻底把他打垮。

一个人充满自信才能达到人生最完美的状态。因为自信，活着的每天都充满阳光，即便室外寒风暴雨。如果你不信，可以回头看看，看看那些最美好的日子，是不是都与扬着笑脸的自己有关？

我听过的一个最美好的故事，是关于一些人如何在逆境中坚守自我，知难而上，最终成功地战胜了所有的难题，也终于等来了生命中最温暖的阳光。

有一首歌叫《相信自己》，唱出了非常多的正能量。这与如今流行鸡汤和传播正能量的社会非常吻合。因为如今生

活不易，每个人都压力很大，都随时可能面临崩溃，都需要心灵安慰。而每个人要活得幸福，就不能像个被霜打了的茄子一样苟活，而要拥有像绽放的向日葵一样灿烂的笑脸，如它一般，挺拔地迎接阳光。

每个人都知道，陷入低谷的人容易感到悲伤。但是，这没关系，只要你学着鼓励自己，让自己走出心灵的阴云，心态变得阳光起来，并积极去采取行动，走出低谷，去冲刺人生的高峰。长此以往，当你积累到了一定程度，你就会欣喜地发现奇迹可以发生在自己身上。

刘艳红是个非常热爱写字的女孩。有一天，她走在马路上，竟毫无征兆地倒在了一旁的草丛中。等她清醒过来，她发现四周都是白色——自己不知是何时躺在了医院的重症病房。

她的家人几乎全部都来了，默默地陪着她。整个房间里，没有一个人说话，周围的空气都仿佛凝固了。

她虚弱地睁开双眼，看到她母亲那双似乎是因哭泣而泛红的双眼。那个时候，她就知道自己得了很严重的病，未来，她真的不敢再想。

可是，在母亲的鼓励下，她仍然坚信自己是会被上苍所眷顾的，深信自己会好起来的。有了这种乐观的想法，她很积极地配合医生进行治疗，也学会了如何战胜恐惧与哀伤。

在医院住院期间，像从前健康时一样，她每天都画画、看电影、写字，把每一天都活得有声有色的。而她的脸上，始终挂着自信的笑容。

也许是上苍被她的乐观和坚强所打动。两个月以后，医生再次复查，惊喜地告诉她，她的病情已经稳定了，休息几天就可以出院了。

刘艳红坚信奇迹会发生在自己身上，最终奇迹还真的发生了。

你自信了，他人才可能相信你；你自信了，才有足够的干劲去实现自己的梦想；你自信了，你的内心才可能充满阳光和快乐，你全身的每个细胞才能从阳光和快乐中获得正能量。此时，即使你病了，你好转的机会也远远比那些缺乏自信的人大得多，甚至奇迹最终会发生在你身上。

反过来，不自信的人是没有未来的。这个世界上，只有你才是最了解自己的人，倘若连你都不信任自己，不相信坚持到底会得到上苍的首肯，不相信奇迹会降临在自己身上，那么，无疑你的失败已经在此时种下了。就像人们无法叫醒一个故意装睡的人，上苍也无力拯救一个不相信奇迹会发生的人。

大地上开满了鲜花，微风在轻轻抚摸它们的脸庞，每一片田野都充满了生机，所以一眼望过去，你会觉得人间充满了欢喜。可是，一个悲伤的人，一个对自己都失去信心的人，她的眼中是永远都看不到这些美好的。而相信奇迹一定会降临，并不是什么都不做，而要每天都付出辛勤的努力。空谈的理论家不会做出实际的业绩，就像农民伯伯种地一样，你首先要精通你所在的领域，给自己鼓励，说的是在你遇到困难时，别那么轻易就放弃。

小时候，常会听大人们说，“苦不苦，想想长征两万五”，而我们现在所经历的难题，我相信远不如这“两万五”艰难。相信自己能够做好，并且很努力地去付出，你又怎么会担心自己将等不到奇迹呢？

谋事在人，成事在天。我相信，只要你真心付出了全部的努力，上苍会给你一个合理的答案，怕就怕你从不肯认真付出，就想要获得更多的东西。这是万万不可的，要知道，天下没有免费的午餐。

每个人都会有自己崇拜的人，当你在感叹别人取得了那样辉煌的成绩时，有没有想过只要你肯努力，找准方向，其实自己也能有所收获呢？

相信奇迹可以发生在自己身上的人是充满阳光的。他知道自己能行，也肯为了心中的目标去努力，但可惜在现实生活中，有些人真的太脆弱了，几乎一次失败就能彻底把他打垮。树立信心的办法有很多，你可以先做一件自己比较擅长的事，哪怕只是周末在家里打扫和收拾卫生，这件事完成之后，当你看到自己用汗水换回的成果，自然会从心底觉得安慰，获得满足，由此你的自信也会增加一分。接下来，你可以尝试做一件自己不太擅长但却一直很想做的事情，为了确保你能成功，你要多从别处汲取经验教训，然后根据自己的能力适当进行调整。

慢慢地，多了几次成功之后，你就会觉得做某些事其实也不难，当然，你也就会变得越来越自信了。每个人都很希望自己能够跟有活力的人在一起。而一个坚信奇迹会降临到自己身上的人，无疑是充满活力的。她的活力就像是清晨最温暖的阳光，将身边每个人都照耀得温暖起来。

所以，你需要做的就是给自己加油、鼓气，在做好一切准备之后，静心等待幸运女神的降临。而假如这次没能获得奇迹也请不要丧失对生活、对自己的勇气，因为只要你敢来，成功就一定会属于你。

第六章 有个性的人生才是独家的

我们没必要羡慕他人的才能，也无须悲叹自己的平庸；每个人都有他的个性魅力。最重要的，就是熟习自己的个性，而加以发展。在追求梦想的道路上，你可以借鉴别人的成功经验，但你的路终归要自己走，你要学会欣赏自己的个性，坚信自己的选择，通过自己的努力去实现自己的独特价值，而无须去追求跟别人一样。

1. 无论听了多少大道理，你都要活得随心所欲

那些所谓大道理，并不应该让你去改变你的人生。因为人只有活出自己的风采，才能拥有一个真正完美的人生，更别说你会因为自己的个性而为周围的一切所增色，甚至给他人留下深刻的印象。

前不久，电影《后会有期》的一句台词，“听过很多大道理，依然过不好这一生”迅速风靡整个网络，成为很多文艺青年的口头禅，或许是因为这句话说到了大家的心坎上了，听起来确实有那么几分哲理。随后，很多文艺的微信公众号上涌现出了一批诸如分析“为何听过很多道理，却依旧过不好一生”的文章。这一现象值得我们深思回味。

每个人身上都存在一定程度的贪念、嗔念与痴念。我们也常常可以遇到贪心的人，爱乱发脾气的人以及死心眼的人，但更常见的是懒惰的人。

每个人都想让自己的明天变得更好。不过，明天要变得更好是需要付出实际行动的，是需要今天努力去奋斗的，而不是有个想法后随便看几本书或者看几场电影或者玩几个小时游戏，就能水到渠成地获得更好的明天。

人的本性都倾向于过轻松、舒坦的日子，看事情也是眼睛在前手在后，只有思考没有行动。正因为如此，成功人士永远是极少数的，大部分的人都是平庸的。

的确，人生路上有很多道理，一些道理是先哲人的总结，一些是通过自己做错事或是从以往的悲惨经历中得来。但这样的道理仅仅是空泛的，很多道理要实际运用才行，并且运用不好也会取得不良效果。不过，大多数情况下，对于大道理，人们还是看得多和听得多，真正运用或者拿来主动改变自己生活的少。

当然，某些改变，原本就没有必要。正如世界上从来没有完全相同的两片树叶一样，世界上也不会出现两个完全一模一样的人。如果全世界的人都长一个模样，那么我们就根本感觉不到美丑有何区别，就看不到世界的精彩。因此，每个人都应该是独一无二的。我们每个人保持自己的独立性，保持你本身的个性，是必要的。

曾经看过一篇叫作《别怕和这个世界不一样》的文章，

讲的就是保持自己独立性的重要性。这其实是值得我们去思考的。为什么非要变成跟这世界的大多数人一样呢？难道仅仅因为那样是安全的、可依赖的吗？永远别忘记，你的人生只有一次，你只有一次做自己的机会。你要活得有价值，要活出自己的精彩，为什么不满心欢喜地接受眼下这个跟世界不同但却到处张扬出个性一面的自己呢？

听过了许多大道理，而你却坚持活出自己的随心所欲。这是一种何等洒脱！而正是因为这种洒脱，让你显得自信，让你的魅力显得有几分独特。

事实上，那些所谓大道理，并不应该让你去改变你的人生。因为人只有活出自己的风采，才能拥有一个真正完美的人生，更别说你会因为自己的个性而为周围的一切所增色，甚至给他人留下深刻的印象。

记得大学毕业时，母亲跟我谈起参加工作的事时，丝毫不掩饰她对我同学方忠的羡慕。毕业后，方忠在乡镇上的一所普通高中教书。这个工作稳定，在当地来说，收入也不低，而且离家近，成家后也时常看望自己逐渐年迈的父母。而我却不愿意去一所初中教书，依然决定去北京闯一闯，去寻找内心的那个文学梦想。

多年过去了，那所普通高中因为招不到生源，规模迅速缩减。方忠也不得不离开那里，到某城市的一所中学任教去了。虽然我的努力还没有换回想要的结果，但做着自己喜欢的工作，有家乡人眼中“高大上”的职位和“不错”的薪水，成为家乡人眼中的文化人。没能陪在她老人家的身边，但我从她眼神里看到了她的满足和骄傲。毕竟在落后的山村里，在文化落后的贫困山区，文字行业多少还是有些神秘色彩，文化人多少还是被人尊重的。

如今，相比我那些创业成功的“土豪”同学，我的现状简直惨不忍睹，但我依然坚持着我的选择，坚持着我所钟爱的文字行业。因为我清楚自己的人生只有一次，因为我清楚自己的价值是独特的。如果我放弃我所具备的，而去追求别人所具备的，那我将会迷惘，将会丧失自我的方向，将会只有崇拜别人的份儿。

我就是我，我有我的独特价值。我现在依旧没有停止朝着我的梦想努力。我相信，总有一天上苍会看到我的付出，总有一天读者会认同我的写作。退一步讲，就算没有成为著名作家，至少我做了自己认为最正确的事，至少我还是我，还有自己的独特价值。这样的人生，是没有遗憾的。

因此，我要对年轻朋友们说，不要让那些所谓的大道理去干涉你的人身自由！不要因为别人选择安逸的生活，而明明自己想要飞得更远，就也做出同样的选择。就算你可以委曲求全，可在夜深人静时，一切也都逃不过你的内心。

在这世界上，最值得我们羡慕的，不是钱多得花不完的人，也不是那些走遍世界各地的人，而是那些听了许多大道理却依然可以活得随心所欲的人。因为他们过得洒脱，知道自己真正想要的是什么，不管是爱情还是工作，一切的选择都只遵从内心深处；因为他们做喜欢做的事，有自己独特的价值，知道自己的长处是什么，知道做什么才能最大限度地实现人生价值。

2. 人生只属于自己的，别人永远替代不了你

坚持过自己的人生，坚守自己的个性与人格，让自己成为健全自由的人，获得一片全新的天地。因为这个世界原本就是丰富多彩的。不必选择大多数人都走过的路，因为大多数人总是沉默的，而正义需要你发声。哪怕你的父母，你的伴侣，你最好的朋友，都没有权利按照他的意愿来改造你。

按照常理说，当你觉得今天的阳光很温暖，就去享受今天的阳光；当你觉得今天的枫叶很好看，就去观赏今天的枫叶。人生原本就没有什么应该不应该，人的命运就像一片白纸，你想要什么颜色，就去为它涂抹上什么样的色彩。可是，有很多人却整天活在别人的评价里。有些人甚至会因为别人的一句评价而陷入深深的伤感中，不能自拔。

张晓红是我前单位同事。有一次，中午午休时，她突然趴在办公桌上哭了起来。见此，我将她叫到另外一间办公室

进行了一番谈话。

原来，张晓红穿了一件非常漂亮的蓝色衣服。她之前从来没有如此精心地打扮过自己。前几天遇到了一件开心的事，她买了件新衣服，穿出来换换心情。

张晓红将这件衣服穿到公司时，同事们都惊讶地看着她。大多数同事都称赞说她穿这件衣服很好看，少数同事笑了笑，但一个叫王琳的女同事，快言快语的，大大咧咧地说："你那件衣服真的买糟践了！你的皮肤黑黑的，不适合穿蓝色的衣服。穿起来，灰不溜秋的……"

得知原因后，我笑着对张晓红说："你别听她胡说了！她逗你玩的，跟你开玩笑的。她忽然发现你如此漂亮，颜值提高了，吓唬吓唬你的……说不定，她心里有多羡慕，也偷偷网购了一件跟你一模一样的衣服呢……"

张晓红见我如此说，才破涕为笑，开开心心地走回她的座位了。

在生活中，类似这样的事情还有很多。例如，我们的父辈，在我们到了适婚年纪后，看到我们的同龄人纷纷结婚生子而我们还是单身一人，就会一遍遍催促我们早点找个对象，结婚生子，好像不这么做就是干下了什么可耻的事情，给他们脸上抹了黑。

不仅如此，我经常听到这样的声音："我想去旅行，可是我的父母觉得我应该老老实实上个班""我想把头发烫一下，换身穿衣打扮的风格，可是我男朋友却说我那么整会显得难看""我想买那双粉色的运动鞋，可是我妈却觉得蓝色的更适合我"……这都是因为生活中缺乏自我立场，遇事只想随大流。

事实上，这是很不明智的。因为你的人生是只属于你自己的，与别人没有关系。人生短暂，而你为什么不在还想要时就大胆去要，大胆去做，而浪费时间去随大流，去追别人的风。那样，你将永远难以活出精彩，难以活出自己独特的价值。

有一种很有意思的现象：人们在经历一些苦难或是看到一些悲惨的事情后，才会真正开始思考自己想要什么了。比如，有些人会在看完类似《唐山大地震》这样的灾难电影后，重新思考自己接下来的每天要怎么度过；有些人会在自己不小心吃亏上当后，开始反思自己之前为何如此不小心。这些还算好的，最悲惨的事情就莫过于，一个人在自己临死之前，才后悔这一生终究没有按照自己的意愿度过，而是硬生生地活成了别人的模样。

生活在这个世界上，无论什么时候，你都要记住，"你才是你人生的主角，别人怎么说都没关系。你管不了别人的嘴，可你能管住自己的心”“走自己的路，让别人去说吧！”

既然如此，我们为什么非要按照别人的意愿活着，为什么要那么在意别人的评价？闲人只是随便动动嘴皮子。可是，若真如此你的命运就被改变，那你的人生未免也太不值钱。你也将根本没资格谈人生价值和精彩的人生了。

一个人只有明白人生是属于自己的，她才能活出自己的特色和风采。就像现在的很多成功人士，想一想当初他们决定开始做一件事时，也有很多人不看好，也听到许多的风言风语，但他们最终还是坚持下来，然后获得了今日的成功。

坚持过自己的人生，坚守自己的个性与人格，让自己成为一个健全自由的人，获得一片全新的天地。因为这个世界原本就是丰富多彩的。不必选择大多数人都走的路，因为大多数人总是沉默的，而正义需要你发声。哪怕你的父母，你的伴侣，你最好的朋友，都没有权利去按照他的意愿改造你。

每个人都是完全独立的个体。记住，人生只属于自己，别人跟你没关系。

3. 你要明白，这个世界谁都不欠你的

这个世界谁都不欠你的，要铭记别人对你的好，学会感恩，然后在别人需要帮助时，勇敢地伸出手去。这样的人，才能被称为一个合格的人，一个思想品德健全的人，一个会有朋友的人。

每个人都有脾气，在遇到失败或者伤心事时，都忍不住会发脾气。可是，你不能总是把脾气都发在别人的身上，因为在这个世界上，谁都不欠你的。甚至，你一开始就是亏欠了别人的。

父母给了你生命，命运让你遇到亲人、好友、恋人或恩人。因此，无论怎样，一个人行走世界，都要保持一颗感恩的心。尤其是今日的和平大发展环境，是很多先烈牺牲了自己的生命所换回来的，每个人都要珍惜。

当然，也不能因为伴侣的脾气好，就总是没事找事欺负

人，要知道他对你好，是因为他心地善良或是爱，他（她）那么对你，也是想要你好好对他（她）而已。你没有随便冲任何人发脾气的权利。

在我朋友圈里，有一个女性朋友叫张海金。她在感情上屡屡受挫，最近又和交往两年多的男友分手了，想约我一起喝酒解愁。看到她这样，我不忍心拒绝，只好耐心听着她倾诉。

原来，张海金脾气不好，喜欢跟她男朋友乱发脾气。男朋友忘记带垃圾下楼扔掉，她要发脾气；男朋友洗床单没洗干净，她也要发脾气；男朋友出去买饭，错买成了她不喜欢吃的烧茄子，她也发脾气。而正是这次发脾气，男朋友出乎意料地愤怒了，将买的饭菜气呼呼地丢在地上。张海金怒火中烧，对男朋友不依不饶。她本来以为男朋友会一如既往地服软，转过来向她赔礼道歉，哄她的，没想到男朋友这次出奇得平静，收拾好自己的衣物，拉着皮箱就走了。临走前，他说了一句：从此以后，桥归桥，路归路，各走各的……

当时，她还以为男朋友闹着玩的，没怎么在意。男朋友过了一整天没给她打电话又没回来后，她慌了，主动拨打男朋友的电话，对方不接。她再次拨打，对方关机，而随后传来一条短信：不要联系我了，我这个手机号也从此不用了。

求求你，放了你自己，也饶了我……

直到这一刻，她才意识到问题很严重了，被甩了，才后悔莫及。她开始打电话找男朋友的熟人，但大家都表示“私事，不便干涉”。张海金突然意识到，因为自己的任性，每次都无故发脾气，每次都坚持自己是对的，要男朋友道歉哄她开心了才罢休，而这次她失灵了，彻底地失去了优秀的男朋友。

等她说完后，我跟她沟通了一会儿，告诉她：不欠她的，只是因为爱，才如此地包容；她没意识到那一点，不断地挑战着他的忍耐底线，他才下决心走掉的。

有这么一句话，无能之辈最大的能耐就是“害亲”。为什么会“害亲”呢？因为他们错误地认为，这个世界都欠他的，尤其是他的亲人朋友都欠他的。于是，他们在社会上获取不了他们渴望的东西，或者说不敢从社会上获取他们渴望的东西，就拿着亲情、友情或者爱情做人质，要挟他们的亲人或者朋友，从而满足其私利。而因为某些原因，他的“害亲”举动获得收益后，就会逐渐大胆妄为起来，理所当然起来。最终，他将“窝里横”当作本事，将对亲人的伤害当作成就感。

我所说的“害亲”现象并不是孤例，也不是危言耸听。

事实上，你或许也有过类似举动，只不过不明显、不严重，被亲友看成是任性举动而包容了。例如，你小时为了达到某目的被长辈拒绝后，以耍赖或者发脾气的方式抗议长辈们。又如，朋友在某个周末答应来看你，却最终因为临时发生点事情而走不开耽误了你们的约会，你怪罪朋友耍人。又如，你生活上遇到了困难时，急需一笔钱，打电话跟朋友借，结果对方也因为需要用钱而没能帮你，你责怪对方不够意思……

他人不顺着你的心意，不配合你，这当然令人不爽。但是，遇到这样的事时，你有没有想过，这世界谁都不欠你的，他人顺着你，配合你，都是情分，不是义务。

例如，父母或许有养你的义务，但没有满足你一切欲望的义务，且抚养你的义务也仅仅限于 18 周岁前。至于其他长辈，对你根本就没什么义务。他们拒绝你的某些要求，那是本分，顺从你某些要求，那是情分。

又如，朋友约你，是因为他想见你；因为突然事情，临时改做其他事去了，并不是他故意那样做的。他不欠你的，有权优先做其他更重要的事去。

至于借钱问题，你更应该明白，别人不欠你的，是你借钱，不是你还钱，没谁规定对方一定要借钱给你。哪怕是亲戚，在金钱这件事上帮你，是出于他是你的亲戚心疼你；不帮你，也是他作为一个人的行为自由，你也是无权干涉的，因为从头到尾，他都不欠你的。

有些人知恩不图报，以为他的要求只不过是别人的举手之劳，别人不满足他的要求就是不仁义。这也是认为别人欠他的心理。

每个人都为了生活而辛劳，没有谁是容易的，为什么你需要别人帮助时，别人就必须要有回应？而选择沉默你就可以怪罪这个人？那你可以扪心自问，自己就是一个当别人遇到困难时，都可以随时随地伸出援手的人吗？如果不是，你更没什么资格去怪罪他人了。因为每个人都有自己的生活，自己的圈子，你不了解别人的一切，也就没资格对所有的事情做出评价，那将是敷衍的，不准确的。

记住，这个世界上，谁都不欠你的，而你却欠了一些人的。因此，如果你在紧要关头获得别人的帮助，要记得心存感激；在他人需要帮助时，要毫不犹豫地挺身而出。只有这样，你的人际关系才能够正常地维系，才能够有人在关键时刻真心帮你。

当然，在成长道路上，你明白了这个世界上谁都不欠你的道理，不仅仅是为了维护好与亲朋的关系，避免做出“害亲”的举动，更重要的是，要积极行动起来，提升自己的能力，从内心到能力，都将自己修炼得足够强大。唯有这样，未来不管遇到怎样的风雨，你才能有信心去战胜，才能真正实现自己独特的人生价值，才能过上自己理想的生活。

4. 不愿意做的事，最好的做法就是直接拒绝

拒绝是生活中经常遇到的现象。如果对方真的看重你，绝对不会因为你的一次拒绝而把你看低，或者就此断绝来往。拒绝，能在第一时间拯救你的人格，也避免对方因你而可能造成的损失。

在生活中，你与其勉为其难地接受一件自己不擅长或者不想做的事，最后惹得大家不欢而散，还不如一开始就不要逞强，直接拒绝。

直接拒绝，虽然应邀的对方当时会感到有些难堪，但拒绝原本就是你的自由，相信对方也能够理解你是有苦衷的，而不会进一步说什么。另外，直接拒绝也避免给自己留下后顾之忧，对自己是一个很好的安置，也给了对方一个非常合理的回答。这样做，不会伤害你们之间的感情，还能让对方觉得你是个可以信赖的人。因为任何人都不是万能的，不可

能任何事都能搞定，而事事都答应别人去办的人，某些事注定是办不成的，注定存在一种欺骗或者糊弄的因素——这必将对双方造成伤害。

张志泉是一个非常不错的年轻人，但他吃过不懂拒绝的亏，因不懂拒绝受到过深深的伤害。有个叫周倩的女孩很喜欢他，不惜放弃自己出国留学的机会，只身前往北京陪他一起打工。他不喜欢这个周倩，但迫于家里催他，勉强同意周倩做他的女朋友。

过了大约一年时间，张志泉遇到了他心目中的女神张洁，而张洁也喜欢他，两人一见钟情。于是，他提出与周倩分手，并买了钻戒，准备向他的女神求婚。周倩莫名遭到了爱情挫折，非常伤心，准备去找张志泉要说法时发现自己怀孕了。

张志泉向周倩解释，当时只是一时的感动和寂寞，其实从来没有真的爱过她，只是觉得自己年纪不小了，不找个女朋友没面子，现在找到了真爱，所以……周倩愤怒地指责他：你不爱我，当初为什么不拒绝我？你不爱我，为什么让我怀孕？一时间，张志泉不知所措，无地自容。

张洁知道周倩怀孕了，尤其是知道张志泉明明不爱周倩，还不拒绝周倩的追求，让她做女朋友，让她怀孕，便认定张志泉是个不负责任的人，对他的好感顿时全无。

就这样，张志泉与周倩分手了，但也没与张洁走在一起。他很懊悔，当初不喜欢周倩，如果坚决将其拒绝，或许周倩会难过一阵子，但不至于造成后面那么多错，不至于造成后来遇到了一见钟情的人却因为那件事而搅黄。

事实上，拒绝他人是人生中再正常不过的事。我们任何人都无法回避拒绝，也没必要逃避拒绝，该拒绝的就拒绝，不愿意做的事就明确拒绝——勉强去做，最终可能做不好，还伤害到彼此。

因为，一件事如果是你不愿意去做的，就代表你已经从心里开始排斥、不接受这件事了。对于不喜欢做的事，你注定不会付出太多的心力，也就决定了你几乎一定不会把这件事做得多么出彩。当你一开始接受自己不喜欢做的事情时，来自心理上的艰难考验也就开始了。对于不喜欢做的事，心理上的那种排斥的感觉，会让你想要将这件事拖延、拖延、再拖延，直到最后期限还未能完成。既然一开始就决定没好结局，你不如爽快拒绝，这样，你既放过了自己，又成全了别人，何乐不为呢？

在人生的道路上，我们为了避免出力最终却落不到好结果，为了既放过自己又成全别人，在遇到不喜欢做的事情时，我们最好的办法就是一开始就拒绝，将主要精力集中在自己的目标上，集中在自己喜欢的事上，将机会让给其他喜欢或者适合将这件事做得更好的人。

你的接受，对于别人来说是一种认可。因为对方最初在决定找你做这件事时，本身就倾注了一些对你的信任，他从心里是相信你能把这件事完成得很好，才来找你的。你不愿意做，却接受了，到最后非但没有如他所愿很好地完成事情，反而拖延了时间，会使他的计划搁浅，使你们之间的信任破裂，甚至你们之间原有的感情也会受到牵连。对谁都没一点好处的事情，你最明智的做法就是直接拒绝，告诉对方你做不了或者你不愿意做。

倘若如此，你的拒绝就是对对方的负责，也是对自己的负责，因为没有人能比你更了解自己。你的心知道你能不能做这件事，喜欢不喜欢做这件事，你只要听从你内心的安排就好了。人们常说，不知道该怎样做时，听从自己的内心，讲的也就是这个意思。

当然，你也不必担心拒绝会给对方造成伤害，其实你的及时拒绝是在帮他。拒绝一个你不爱的女孩，是为了让她彻底告别对你的幻想，从而拿出更多的时间，去遇到下一个真正爱她的人；而拒绝一件你不能做的事，是给了委托人更多的时间，去找到合适的人来完成这件事。因此，对于你们彼此来说，这种拒绝都是绝对的好事一件。

所以，在生活中，你与其碍于面子接受一件自己不愿做的事，到头来闹得大家都不开心，连累自己也一并丢掉了信任，倒不如从一开始就直接拒绝对方。因为拒绝是生活中经常遇到的现象。如果对方真的看重你，绝对不会因为你的一次拒绝而把你看低，或者就此断绝来往。拒绝，能在第一时间拯救你的人格，也避免对方因你而可能造成的损失。

5. 不懂你的人，你没必要花费时间解释

不懂你的人，也没有真正想要花时间去懂你，既然如此，你就不用计较他们口中那些错误的东西。你需要调整的，是自己的心情。反正，别人说什么，就让他说去好了，又不会真的影响到你的生活。

在现实生活中，我们却常常会碰到这样的情况，很多人不懂你的真实情况，却非要掺和你的事情，上前评价一两句。对于这样的人，你不理也罢，没必要去跟他浪费时间，自己做自己的事情就行。有句话说得好：“懂我的人不用解释，不懂我的人解释也等于掩饰。”

我有一个好哥们儿，在我困难时，他总会帮助我。有次，我打电话向他借 1 万块钱。他想都没想就很痛快地答应了。不到二十分钟，他将钱打到了我卡上。我惊讶他的速度如此之快，给他打了一个电话，问他：“怎么我说要这么一大笔

钱你连问都不问一声。”

他笑着对我说：“问什么问，我相信你。没困难，你不会开口的；你开口了，必定是真正遇到了困难。你不主动说你遇到什么困难，我又何必问？需要钱，我能帮你的就会尽力帮你……”

听了他的话，我心里暖暖的，感觉到眼前的困难似乎不见了。这就是铁哥们儿，就是真正懂你的人。如果将来某天，他有需要帮助的地方，我一定会倾尽全力去帮他。不问风险，也不求回报，只因为他懂我！

人生难得有个知己，难得有个懂你的人。尤其是在“谈钱伤感情”的年代，借钱是非常难的一件事。懂你的人却能在患难中见真情，能不问原因地借钱给你，这真是难得的一种信任，难得的一份情谊。

懂你的人是可遇不可求的，是值得高度珍惜的。而不懂你的人却往往比懂你的人多得多。此时，你一定要果断地远离他们，不要为他们浪费时间去解释。因为一个不懂你的人，你花费了时间去解释，也是徒劳无功。

我当年毕业时，家里为我找了一个去县镇中学教书的工作。在家人的陪同下，我也去了那所学校面试，并赢得了那所学校相关领导的认同。但是，满怀文学梦想的我，并不认为那个地方能实现我的梦想，依然作出了放弃的决定，只身一人来北京闯荡。

得知这个消息，前来劝我不要任性，劝我去那所学校报到的人特别多，问我为什么作出那样任性妄为的决定。我能说我去追求作家梦想吗？这说出来，不让他们惊讶吗？接下来，我不是越解释越无法说清楚吗？于是，我只好说，我有我的考虑，我有我的梦想。具体考虑是什么，具体梦想是什么，我根本就不说。因为懂你的人，你不说，他们也懂；不懂你的人，你说得再多，他们也不懂。

多年过去了，我在文化行业里立足下来。当年的亲戚和朋友看我如今出了那么多书，才惊讶地发现我当初的梦想就是写作梦。

在社会上，有一些人其实是跟你的生活关系不大的，也就是很小部分的交集，算不上什么朋友，但他们好奇心会特别重，喜欢津津乐道别人的故事，喜欢对别人的行为举止品头论足。走在路上，或许你会听到身后偶尔有人窃窃私语小声议论你，“快看，前面那个人身材那么不好还穿紧身衣”，或者“听说她性格不好，昨天刚被人打了”等。

对此，你完全没必要去理会。嘴巴长在别人身上，你怎么样都管不了，况且你花时间跟他们讲道理他们也一定会跟你讲道理，如此几次，你的时间浪费了不说，甚至心情都会受到影响。何必呢，往乐观的地方想一想，别人说你几句又不会少块肉什么的，别人愿意说就去说吧，只是自己没必要花费那个时间去解释，因为他们原本就是与你的生活不想干的人，你解释了也是没有人认真去听。

此时，你与其花费时间去做徒劳的事情，不如多做一些自己感兴趣的事情。听听音乐啦，看场电影啦，约好朋友一起逛街吃个饭啦，这样坏心情也能很快就烟消云散。

当然，你很不喜欢听到别人在背后议论自己，那么也要有意识地规范和克制自己的行为了，即做到咱不在背后非议别人，有道是“静坐常思己过，闲时莫论人非”。有时间，你与其去传说别人的一些是非，不如静下心来，好好总结下自己，也算一个提高。

时间长了，慢慢地，你甚至能养成一个很好的习惯，把所有的时间都正儿八经地用在了自己身上，用在自己跟自己谈心交流上，这难道不是很好吗！

不懂你的人，也没有真正想要花时间去懂你。既然如此，你就不用计较他们口中那些错误的东西。你需要调整的，只是自己的心情。反正，别人说什么，就让他说去好了，又不会真的影响到你的生活。或许，给自己和彼此一段时间，慢慢地，那个不懂你的人终究会想明白，而你自己也能在这段时间里，获得源自身心的自由。

6. 也许你很了不起，但未必受人爱戴

无论你是优秀的、鹤立鸡群的，还是你自尊心强，强烈渴望赶超他人的，你都需要牢牢记住：也许你很了不起，但未必受人爱戴，在追求梦想的道路上，要注重提升自己的能力，也要注重修养品行，让自己变成谦虚有涵养的人。

在生活当中，我们不难遇到一些“有本事但不受欢迎的人”。他们确实有一定的本领，但也招人烦。这种人有成大才的潜质，但因为为人处世的不当，最终只能成为一个“有本事但不受欢迎的人”，远远不能实现其最大价值。这是我们追求梦想路上“任性的悲哀”。

客观来讲，“有本事但不受欢迎的人”自身条件很棒，或者能力确实很强，能轻松地搞定别人搞不定的事情。不过，他们偏偏长了一颗高傲的心，将“别人眼中了不起的成就”看得不屑一顾，对别人投之以羡慕的神情还以冷眼，或者包

含着嘲笑和讽刺意味的谦虚，好像这就是他的本职工作，根本不值一提，好像这样才能升华他做人的品格和资质，好像这样才能彰显他的与众不同，鹤立鸡群。

这种做法看似傲视一切，但实际上是捆绑自己前进的脚步，为自己招致不必要的麻烦和阻碍。因为也许你很了不起，但我未必看得起。虽然现阶段其他人的各方面能力，是不比你的高，但做人方面至少不会比你差，甚至要比你强很多。

在生活中，我们努力，我们奋斗，为的就是赢得他人的认同，实现自身的价值。在某些方面比他人强，是我们赢得认同和实现自我价值的重要凭借之一。如果你在做事方面做到了比他人强，却在做人方面无法赢得认同，甚至招致的是抵制，那么你奋斗的意义和价值又何在呢？

每个人或多或少地会崇拜强者，会喜欢强者。但是，人们真正喜欢的，是那种心怀悲悯，即便真的比别人强，也始终懂得谦虚的人。而你在某些方面的表现比别人强，便傲视别人，看不起别人，让别人有受羞辱的感觉，那么你将是得不到认同的，是会给自己前进道路上留下祸患的。

某公司新招聘了一位设计师。经过一段时间后，他展现出了一些非凡的设计才华：由他一手负责的图书封面总能给人耳目一新的感觉，且他设计封面的书比非他设计封面的书明显地受欢迎，甚至有不少人私下找他兼职做图书封面。

鉴于他个人出色的工作能力为整个公司带来了良好的效益，公司领导决定给他加薪，且考勤和请假等方面也给他开了绿灯。有了这些特殊待遇后，他变得骄傲起来，对同事不屑一顾甚至还挑衅别的同事，特别是在自己设计的作品得到公司上层认可时，就总喜欢打击别的设计师。为此，很多同事都不喜欢与他来往，躲避跟他接触交流。

久而久之，他做的图书封面没以前那么好了——其他同事从不对其作品提出批评意见，甚至有明显漏洞也装作没看见。结果，他在某次设计图书封面时出现意外失误，给公司造成了损失，受到处分。而年终优秀员工评比时，他成为公司唯一一个得零票的人。

他终于意识到了高傲给自己带来的危害。于是，他放下那份高傲，虚心做人，认真与同事合作。一年后，他与同事们的关系好起来，业务也更精了，在年底以全票当选为优秀员工。

在现代社会里，有时能力强并不代表什么，因为你能力再强，一个团队的任务还是需要大家集体来完成，现在早已不是靠你个人单打独斗就能“一统天下”的时代了，更何况高手如林的大公司，比你强的人也比比皆是，如果每个人都像你这样不谦虚，只知道拿自己的优势去打击别人，那当你也受到这种待遇时，自然也会感到心酸。

做事之前先做人。涵养好的人能消除成功道路上的很多阻碍，能赢得好人缘，从外界获得更多帮助，从而实现自己的梦想，获得最终成功。那些真正为人称赞的大师，都是身怀绝技或有大学问但却虚怀若谷的人，这样不骄傲的状态，也让他们终于变成了大师，做出了其他寻常人一辈子也做不出的伟大业绩，从而被整个历史所铭记。

如今，社会竞争压力大，人难免浮躁，但要想在竞争中笑到最后，我们不仅要提升自己的工作技能，让自己变成行业内的翘楚，变得无可替代，同时也要懂得好好修炼自己的人品与品质，搞好与他人的关系，将成功道路上的阻力和摩擦力转化为推力和润滑剂。

你要时刻记住，人性有个弱点，那就是很容易看不起其他不如自己的人。对那些天生自尊心强的人，这种特点尤为明显。有时，他们虽然承认对方比自己能干，但还要看不起，为的是有朝一日自己也能努力成为他那样甚至比他更厉害的人物。这是很要不得的。因为要想成为优秀的人，你需要先承认别人的优秀，需要接近那个优秀的人，学习那个优秀的人，看不起他只能给你变得优秀起来制造阻碍。

因此，无论你是优秀的、鹤立鸡群的，还是你自尊心强，强烈渴望赶超他人的，你都需要牢牢记住：也许你很了不起，但别人未必瞧得起，在追求梦想的道路上，要注重提升自己的能力，也要注重修养品行，让自己变成谦虚有涵养的人。

7. 气场不合的人，你就让他们做别人的朋友去

那些跟你气场不合的人，就放他们去做别人的朋友吧。至少在你人生中的某个阶段，你们曾共有一段美好的人生，把它当作回忆也未尝不是一件美好的事情。

物以类聚，人以群分。在追求梦想的道路上，你可能会遇到志同道合的人，也可能遇到格格不入的或者看法常常相左的人。遇到志同道合的人，这当然是幸运的，但这种状况更多的是可遇而不可求。因为更多的时候，我们会遇到格格不入的人，遇到看法常常相左的人，甚至遇到败坏你的情绪或者给你设置障碍的人。为此，你常常会感到恼火，常常会因此而耽误了时间，影响了心情。因此，你需要足够的智慧来处理好人际关系。

对于志同道合的人，相处起来相对容易，也是很愉悦的事，但要懂得珍惜，要保持独立的人格，否则也会随着时间

的推移而淡化彼此的感情。而对于那种与你气场不同的人，你则需要超然的胸襟和勇气，控制住自己的愤怒，不要让冲突或者矛盾扩大化，要尽量减小对方给你带来的负面影响。最简单的做法就是，避免跟他们发生联系，让他们做别人的朋友去，退一步讲，即使不得不接触，你也要尽量保持客气，不要去与他们辩论或者争执。因为这对你是有百害而无一利的。

在一个网站的论坛里，我偶然结识了一个同样爱好历史的网友，在一起讨论了对某段历史的看法。因为有相同的兴趣和话题，我们相互交流起来没有止步于“呵呵”。但是，随着交流深入，我发现了彼此之间的气场有较大差异：他是个历史唯心主义者，只要他认同的历史人物，那都是无限地赞扬，容不得他人一点点质疑，哪怕是提到一点点历史上有公论的瑕疵。而我则认为，任何历史人物都是大历史环境和个人的综合素质相互影响的，任何人都有贡献，也都有不足，差异就是贡献多少的问题。

有一次，我们谈到了汉武帝。他认为，汉武帝是一个“冷酷残暴的好战分子”，不顾老百姓的死活，根本算不上什么明君等。而我则认为，汉武帝的一切举动是特定环境、特定背景下逼出来的。在那个时期，换了另一个人当皇帝，也会有类似的举动。争论了一会儿后，他开始指责我"无知""无脑""人云亦云"等。他的愤怒，我可以想象得到，但是我的愤怒他却丝毫没察觉得到。一番指责后，他大谈他的看法。

我意识到，我和他的气场完全不同，再与他交流下去，不仅破坏心情，还浪费时间和精力。于是，我直接让他做别人的朋友去，将他拉进了黑名单。

几天后，那个人用另外一个号加我，问我为什么那么"没胸襟"，"不敢跟他争论"就直接拉入黑名单。我告诉他，没必要跟他再讨论了，道不同不相为谋，思想境界不在一个层次上，认识水准不在一个层次上，一切讨论或者争论都没意义。

当然，不仅仅是网络上如此，在现实中，你遇到气场不同的人，也要尽量远离，让他跟别人做朋友去，只要他不妨碍你的生活和发展就行。因为你的时间有限，你有你的人生观，你有你的梦想，你有你自己的事急需去办。

几年前，我和一个朋友去一个节目录制现场当观众。当时，主持节目的是中央电台的某知名主持。我和朋友都是那个主持的粉丝，也都非常喜欢他的节目。这样的机会，我们当然求之不得，但通过那次活动，我发现了自己与那个朋友的气场存在很大不同，最终让她消失在我的朋友圈，使她去做了别人的朋友。

作为那期节目的观众，我们本来就应该录制完节目就走的。但是，那天下午，那个主持人还要另外录制一个节目。我朋友竟然坚持要等到那个主持人节目录制完毕，上前去要名片。不仅如此，她还让我陪她一起去。我感到很不可思议：什么时候喜欢和崇拜一个人就非要跟他照张相片或是非要拿到他的名片。我一直都认为，如果你自己也很出色，对方总有跟你认识的机会，何必当个路人甲非去蹭人家的专场。

我委婉拒绝了她，她竟然没感觉到，说："反正赶回去也做不了什么事，你陪我一会儿，我晚上请你吃饭好了！"谁在乎她请吃一餐饭！我不愿意让她太难堪，无奈之下，也只好陪着她等。

但是，另一个节目一录制就是七八个小时，一直到天黑才结束。朋友好不容易就要实现愿望了。此时，外面的天空乌云密布，一场暴风雨就要来临了。那个主持人在录完节目后，便匆匆地与助手一起走了。

那次，朋友没能如愿。因为我们没带伞，在出去找出租车时，又不幸被雨淋了。我差一点就感冒了。

那天晚上，我开始重新思考和她的关系，意识到"道不同不相为谋”，便从联系名单里删除了她的所有信息。

气场不合拍的人，是无法给你带来正能量的，反而会消耗你的精力，给你带来麻烦。而我们追求梦想，努力奋斗，需要正能量来支撑，与不同气场的人交往过密，往往不利于我们实现梦想。

在如今这个社会，多交朋友当然是应该的。但选择怎样的朋友将是每个人一生都极为重要的课题，对其一生有着较大影响。拥有共同的兴趣爱好，脾气也合适这当然很重要，但如果这个朋友总是喜欢找你毛病，总是喜欢挑剔，出门看谁都跟人家欠他几百块钱一样，我劝你还是就此放弃了吧！气场完全不合的两个人，就像一双大小错号的球鞋，任穿在谁的脚上，都不能让人感到舒服的。

而这个世界有这么多的人，所以一定也有与他同样的人，你倒不如放手让他去成为别人的朋友，说不定也是做了一件大好事呢！

或许有人要说，毕竟是相处几年的朋友，大家认识一场还是彼此很有感情的，就这么淡了，岂不是太可惜了吗？又或者既然是朋友，为什么不可以稍微委屈一下自己，让自己做出一些退让或改变，来更好地迎合自己的朋友呢！

所谓的朋友，不是要你一味地迎合他的口味，而是你们要互相支持，彼此尊重，共同获得幸福快乐的。

那些跟你气场不合的人，就放他们去做别人的朋友吧。至少在你人生中的某个阶段，你们曾共有一段美好的人生，把它当作回忆也未尝不是一件美好的事情。况且，你也会有另外一些同路的朋友，有人不是说："一个人身边的位置总是有限的，一些人离开，就会有另一些挤进来。"所以，干嘛总是对那些注定要离开的人感觉遗憾和难过呢？应该及时收拾好自己的心情，去迎接那些即将到来的新朋友才对啊！

8. 认清自身的价值，不高估也不贬低自己

你一旦以别人是否把你当回事来当作对自己行为做事的依据，那将会丢失真正的自己。因为，如此一来你在做一件事时，根本没有心思去考虑如何才能真正做好这件事，而是一个劲地想着我怎样做才能让别人看得起，或者受到别人的关注。

有段时间，我真的很在意别人究竟有没有把我当回事。因为在我看来，从别人那里赢得掌声，获得尊重，是人生的意义所在，是值得为此奋斗的。

那是两三年前，临近春节时的某一天，我早上上班时，因堵车迟到被扣了半天工资，心里非常不爽。到下午，公司选举年度优秀员工，我最终落选，让一直勤奋工作、每天早到晚走的我闷闷不乐。

下班后，我破天荒的到点便打卡走人。没有及时回家去，而是一个人跑到运河边，坐在石凳子上，一根又一根地抽烟。

路过的人都像看怪物一样盯着我看，却没人停下问一句，甚至是动一下嘴唇。我失落极了，觉得自己被这个世界遗忘，还不如路边的一粒尘埃。

这件事后，我醒悟了：不要以为你有多重要，不要奢望别人将你太当回事。你就是你，你的生活由你做主角，你的快乐和悲伤都是你的体验，对别人产生的影响远远比你想象的小。因此，你不要考虑到你在别人心目中有多重要，不要想着自己平时为别人付出了，你就知己遍天下，遇事能一呼百应。很多事，你要想做好，要想实现自己的梦想，就只能靠自己，而不要寄希望于他人的协助。

为什么要介意别人到底当不当你是回事呢？这对你的人生原本不该产生任何影响。或许这与我们从小受的教育密不可分。比如，小孩做错一件事就会受罚，做对一件事老师和家长会给予奖励，其实大人们这样做的目的无非是为了帮助他们辨别是非善恶，并不是要他们养成依赖别人的评价才能生存下去的恶习。但是，久而久之，有些孩子已经依赖上了大人的眼光，超乎寻常地在乎大人如何看待他们。

比如，经常受到表扬的孩子，有一天竟然没受到表扬，那他就会在心里形成疑问，就会怀疑是不是自己哪里做得不对，才得到这样的结果。因为他做一件事的信心，完全来源于别人是否注意到他，甚至是有没有赞扬他。

在成长的道路上，这无疑是非常不利的。虽然每个人都有一定的自尊心，也想让自己努力变得更好，让别人看到自己的付出，自己的成绩，但是，你就是你，你的一切靠自己创造，你依靠别人把你当回事儿，事实上不是真正地自我活着，也不是真正地为梦想奋斗，而是为了一张脸面活着。一旦你遇到了不怀好意的人，你将会无辜地受到打击。

在现实生活中，一旦你以别人是否把你当回事来当作对自己行为做事的依据，那也将会丢失真正的自己。因为这样的话，你在做一件事时，根本没有心思去考虑如何才能真正做好这件事，而是一个劲地想着我怎样做才能让别人看得起，或者受到别人的关注。渐渐地，不仅事情没做成，自己也会被连累。要知道，整天活在别人的眼光里，是很累、很不自在的。

人活着本身已属不易，就别再给自己没事找事了吧！不奢望别人把你当多大事儿，这样的人生活起来才会感到轻松；不奢望别人把你当多大事儿，这样的人在做事情时才有自由可说；不奢望别人把你当多大事儿，这样的人是一个充满智慧的人，一个真正有思想的人。

在成长的道路上，我们要认清自身的价值，不高估也不贬低自己，踏踏实实过好每一天。

第七章

任性的人生活得热气腾腾

任性不是为所欲为，任性是为了突出你的独特价值。因此，你的任性不是用来折腾生活的，而是需要用来实现自身独特价值的。唯有如此，你任性的人生才可能蓬勃向上，你任性的人生才能最终赢得掌声和持久的尊重。过自己的生活，努力让自己的生活热气腾腾起来。

1. 放下骄傲的自尊心，勇敢一次又何妨

放下骄傲的自尊心，勇敢做自己。你会看清对面那个人是否真的值得你等待，因为你只有这一世的缘分来证明，你们究竟可以走到怎样的关系。

在奋斗的路上，有越来越多的人不是败在了问题的困难度上，也不是败在了别人的故意刁难上，而是败在自己那颗骄傲的自尊心上。

例如，一个女生明明很喜欢一个男生，却总感觉自己是个端庄的姑娘，不应该去倒追一个异性；又如一个女生明明想穿上那件中意的衣服，但碍于它只是在地摊上出售而不是在高档商场出售，最终将其放弃。事实上，遇到这些事，这个女生是大可不必的。有什么担忧犹豫的？想爱就勇敢去爱啊，哪怕最后被喜欢的人拒绝；想穿就去穿啊，就算别人觉得有些便宜但起码你是开心的！

其实，放下骄傲的自尊心，勇敢一次又何妨呢？只要我们开心，只要我们想去做，无论结果如何，我们最终都将没有遗憾，都将收获成长的。

不可否认的是，没有自尊心的人会滑向堕落的边缘，但是，自尊心太强的人又会自觉给人生设上一道严重的心理防线，每次遇到事情的时候，总在说这个不该做那个不该做，一旦做了就会出现怎样的后果。你担心自己出丑，你想要自己永远保持完美，所以你事事小心翼翼的，从来不敢轻易走错一步——你怕自己沦为别人的笑柄，你从心底接受不了那样一个自己。但这样，你将会封闭了自己，放弃或者扼杀了许多成长机会。

文琼是我的大学同学，至今还单身，找对象高不成低不就的。用她的话说：我爱的人已经娶老婆了，爱我的人还没找到。文琼为什么会这样呢？我认为，不是她不漂亮，不是她不够优秀，而是她自尊心太强，遇到喜欢的人时不够勇敢。

读大学时，文琼曾经认真地喜欢过一个男生。她每次跟我提起那个男生时，都带着满脸的笑容，甚至眼睛里也写满了光彩——少见的动人神采——一个女孩一旦陷入爱情之中，她就会浑身不自觉地散发出一种难以描述的神采。

这是她第一次主动喜欢一个异性。从小到大，文琼一直都是优秀的，班级里的优秀生，父母眼中的乖乖女，现在参加工作了，也一直都是老板的左膀右臂，深得每个同事的喜欢。从某种意义上说，文琼是一个近乎完美的女生。但是，她一直都有着极强的自尊心，任何男生在她面前说话都会小心翼翼的，而她从来没有主动对任何一个异性表示过好感。心目中的白马王子出现后，她变得慌乱极了：不采取行动，害怕丧失了机会；采取行动，她又放不下架子。

本来，她也有机会靠近他的。但是，最终因为她迟迟没有行动，男生被另外一个女孩追走了。后来，偶然的一次机会，我才知道那个男生原本也是喜欢文琼的，他也曾多次用行动给予文琼暗示，可她在他面前始终都摆出一副异常骄傲的神态，拒人于千里之外。自然而然地，他最后选择了一向温柔且勇敢向他表白的女孩。

至今，文琼还在期待她的白马王子出现，还不明白她爱的男孩为何被别人抢走了。而我也不好将这件事说透，去触痛文琼那脆弱的自尊心，只有为她感到遗憾。一段原本可以促成的美好姻缘就这么结束了，一个近在眼前的机会就这样错过了，而这一切仅仅只因为文琼的自尊心太强，阻绝了自己的主动，也冷艳得让对方望而却步。

一个自尊心太强的人，无形中会让自己失去很多乐趣，甚至失去很多实现梦想的机会。比如，广场上在放着你想跳舞的音乐，可是你碍于面子，就刻意忍着不去跳舞，直到傍晚回家，你也没能迈开自己的腿，这无疑是失去了一次放松的机会；比如，公司里的职位竞争，领导让每个员工自己决定是否要参加以及准备相关竞争材料，但你却因为骄傲的自尊心什么都不肯做，最终白白浪费了这样一次宝贵的竞争机会。

放下骄傲的自尊心，勇敢一次又何妨！不要让自尊心夺走了你追求幸福、快乐的权利，要放轻松一些，想做什么就做什么，想买什么就买什么，想喜欢谁就喜欢谁。说到底终归还是那句话：人生是短暂的，你要让自己更快乐。

事实上，待你真正地放下骄傲的自尊心后，你就可以拿出一份勇气好好地做一回自己。且不说你勇敢之后所能获得的结果是什么，就算最终没能如你的意，至少你已经成功地突破了自己内心的枷锁，成功地迈出了这第一步。至于以后，终究会得到一个完美的回应。

放下骄傲的自尊心，勇敢地做自己。你会看清对面那个人是否真的值得你等待，因为你只有这一世的缘分来证明，你们究竟可以走到怎样的关系。你会获得更多的工作机会，更会结交到更多更真心的朋友，因为这是你决心向新事物迈进的第一步，也代表了你的诚心诚意。

一个始终被自己的自尊心所绑缚着的人，看不到明天的光明。这会让人为他感到可惜，因为世界这么大，他却只甘愿生活在自己一个人的小天地，看不到外面的精彩，也看不到别人的期待。这是多么可悲啊！愿我们都别做这样的人吧！让我们放下骄傲的自尊心，勇敢地迈出这第一步，彻底地、洒脱地勇敢一次！

2. 没有免费的午餐，在心中设一道防火墙

外面的世界很精彩，可外面的世界也很残酷。出门在外记得多个心眼，多一分防备之心。

在这个复杂的世界，没有免费的午餐，要在心中给自己设一道防火墙。因为每个人的外表你能看得很清楚，但你却没法知道每个人的内心，无法知道他们心里在盘算着什么。你稍不留神，就很可能上当受骗。

在刷微信时，我会时常看到有些好友在发泄情绪。根据习惯，遇到朋友们晒开心事时，我就点个赞；遇到朋友们发泄情绪时，我就安慰一两句。有一次，我看得一个朋友在微信里吐槽了她受骗的事。

原来，她收到了一封名为“某某某节目欢乐送活动”的电子邮件。邮件内容称，“您已经中了某某某节目最幸运观众奖，请速去领奖。”乍一看，发件人巧妙地被秘密隐去，

不仔细看还真无法判断真假。不仅如此，她也确实是某某某节目的忠实粉丝，每一期节目都跟着看，而且还一边看一边发微信参加互动活动。

邮件正文格式精美，并标有某著名网站的 LOGO。邮件邀请电邮主人去点击所谓的中奖网站，并在邮件中给邮件主人一个特定的兑奖密码。见中奖了，她很高兴，就点击进入对方提供的网站。该网站显示她已经中了二等奖，并获得 7888 元现金以及一台价值上万的联想电脑。

不过，这些礼品并非是免费的午餐。在填上个人资料后，网站弹出了一个提示：为了表示诚意，避免因中奖者失信带来繁重的工作量，我们需要再次确认一下，需要您先将个人所得税以及相关手续费 1600 元汇给某某某，回款后请联系客服某某。随后，就是一个以某某某为开户名的账号以及客服某某的联系方式。

她当时很高兴，一时防范意识全无，就按照网站提供的账号转了 1600 元。随后，她还高兴地拨打了“客服”的电话，并受到了非常热情的接待。“客服”提醒她：我们尽快将奖品给您快递过来，在您收到奖品当天，我们也将会把奖金汇入您的账户上……

朋友高高兴兴地等着收快递，但等啊等，等了五天后，终于等不住了，再次拨打那个“客服”的电话，但被告知是“空号”。此时，她才意识到受骗了。她咨询其他朋友，其他朋友告诉她：即使中奖，也不用另外掏钱交个人所得税的。

防不胜防啊，就因为她忽略了交个人所得税的是扣钱而不是另外交钱，就没识破骗子精心设置的局，就“乐呵呵”地被骗走了1600元。

这是电子时代一个非常普遍的上当受骗事件。骗子的手段使用高科技，我们面临的骗局将会防不胜防。虽然这不是主流，是比较少见的现象，但如果缺乏足够警惕心，就难免哪一天不知不觉地中招了。

在追求梦想的道路上，外面的世界很精彩，可外面的世界也是很残酷的。出门在外记得多个心眼，对外人多一分防备之心。

3. 轰轰烈烈地爱一次，就能发现自己是不是英雄

只有离开错误的人才有机会寻找到正确的人。别怕在恋爱中失败，别怕在恋爱过程中发现对方不够勇敢，不够忠诚，正像每天太阳都会东升西落，所有事情到最后也终将会有一个结果。

随着时光一点点流逝，时光终于将我们变成小时候我们幻想的那个人的模样，只是不知道，你是否早已变成当初自己所憧憬的那个英雄，变成一个有担当、有责任心的人。

很久之前，我曾听说过这样一句话，有些人随着时光的流逝，逐渐开始变得面目全非，变成一个完全不认识的自己，甚至变成一个自己曾厌恶的人。那些我们所认为能达到的境界，终于还是没能达成；而那些我们也曾以为会很好办成的事，也早就消散在岁月无尽的风尘里。

不是每个人在少年时代都能遇到自己的心上人。而大多

数年少时的爱情，也都会夭折在少年们懵懂的青春年华里。因为那时候，只懂得爱情带给人的甜蜜，却没有足够的力量去承受，爱情代表我们的苦痛，更别提那些成长里程碑上的所谓考验。

成年以后，我们开始学着如何去爱自己，如何去爱和关心一个自己中意的人。因为是真心想要跟眼前的他（她）共同创造一个美好的明天，所以很想知道能在恋爱中获得怎样的精彩。

恋爱是人生成长过程中不可或缺的事，也是可以很好地检验自己是否成熟的一件事。比如，你是否会愿意牺牲自己的时光，在对方生病或是最需要你时，什么都不顾虑地去照顾他；又如，你是否愿意小心收敛起自己的小脾气，心甘情愿为心上人做一餐可口的饭菜。如果你能在这些考验中交出满意的答卷，你就成熟了，否则你就需要进一步成长。

诚然，爱情是需要付出的，你付出得够多，自然也会有所收获，就算没有得到对方同样的眷顾与回馈，至少也在爱的过程中，学会了认识一个全新的自己，从而让自己变得更加美好。而这些都是真实存在的事，绝对不是苍白的言语。

对年轻人来说，爱情也是一件能很好地检验自己是不是英雄的事。例如，男孩可能不懂得女性生理期是什么，也不理解为什么女人会在每个月固定的那么几天特别烦躁。可是，当他恋爱后，当他爱上了他心爱的女朋友后，就能学会理解女性，会在那几天里主动承担家里的一切家务，洗衣服、做饭，买来红糖水专心照顾心爱的女孩。这些都透露着责任的气息，也是成长过程中的收获之一。此时，他因为做了这一切的事情而成为女友眼中的一个不折不扣的英雄。

其实，恋爱中所谓的英雄并不需要你做出多么惊天动地的事情，也不是非要爬到多高的一个地位，努力挣很多钱给心爱的人至高无上的物质生活；而是你愿意真心去对待人、照顾人，你能勇于承担一份对爱人的责任。而在恋爱过程中，你为了对方尝试着改变自己以往的一些行为习惯或是性格品行，你为对方付出，你为对方承担一些责任，这都是你成熟前最亮丽的预演。

不仅男孩经历爱情会成长，会获得许多有益的宝贵体验，女孩同样也能在恋爱过程中成长，同样能从恋爱中学到终身受益的东西。

我认识一个叫贾敏的女孩。贾敏是家中独女，父母的掌上明珠，在家里是衣来伸手饭来张口的公主。在她眼里，从来都是别人侍候她，根本就没独立生活的想法，更谈不上有独立生活的能力了。

后来，贾敏恋爱了，很快就彻底地变成另外一个模样。一个文文弱弱的女孩，为了要跟心爱的男朋友在一起，独自买了火车票，走了很远很远的路，到男朋友的家乡去了。据说，她还在男朋友家里，陪着他一起做了很多她以前都没见过的事。

听说她有如此变化，我都惊讶了。在那一刻，她忽然就变成我心目中伟大的女英雄。没想到爱情对人的成长影响如此之大，没想到爱情竟能让人迸发出这样强而有力的能量！

爱情，还有爱情的延续——婚姻，都是最能检验一个人是否有责任感，是否有爱心，是否有担当能力的事。对于年轻人来说，在追求梦想的道路上，遇到了自己中意的人，也不必因为害怕影响了事业就拒绝爱情，而应该鼓起勇气去轰轰烈烈地恋爱一场。

因为，恋爱甚至是婚姻，是最直接也最能检验出自己究竟是不是一个英雄的事情。而这些不是英雄的人，说到底也根本不值得我们伤心。毕竟，只有离开错误的人，才有机会寻找到正确的人。别怕在恋爱中失败，别怕在恋爱过程中发现对方不够勇敢，不够忠诚，正像每天太阳都会东升西落，所有的事情到最后也终将会有一个结果。而你也只需要，在爱情来时，好好地把握这次完美的检验机会，不管是针对自己还是对方，都要以一颗坦然的心去面对。

4. 不必纠结过去，你要学会与不堪握手言欢

不懂得原谅自己的人，何谈有原谅别人的胸襟？人无完人，其实每个人多多少少都有自己的一点不阳光的地方，你真的没必要太过纠结于曾经的不堪。

人非圣贤，孰能无过。人生一世，没有谁是一帆风顺的，也没有谁是一次错误都不会犯的。所以，请记住这样一句话：“人这一辈子，至少要学会原谅自己一次。”

毕竟，一个经受得起失败的人，才有资格拥有成功；而一个能够与过去握手言欢的人，才值得拥有更加完美的未来。

相反，一个人如果经不起失败，耿耿于怀于过去的不堪，那么他的生活将充满悔恨，其追求梦想的步伐也会因此受到干扰，从而影响其获得成功，影响其未来的生活。

我女同学周恋，奔四的人了，还是单身一人。同学聚会时，她也积极参加，但只要谈到结婚生孩子的事，她就特别

敏感。而这一切都源于她那场轰轰烈烈的恋爱的失败。

上大学时，周恋就与我们同班同学叶某某相爱了。两人爱得轰轰烈烈的，惹得了无数单身男女的羡慕。当时，他们被认为是郎才女貌的一对。

毕业走上社会后，他们俩一起去了深圳找工作。一年又一年过去了，叶某某完全变了一个人，不仅绝口不提结婚的事，还拈花惹草，在外面看到漂亮女孩就控制不住去搭讪。周恋开始是忍，等着浪子回头，后来实在失望，就主动与叶某某分手了。七年的感情，在悲愤中结束了。周恋感到非常受伤害。

从那以后，周恋就变得沉默寡言，再也不敢轻易地坠入爱河。因为她总觉得自己还可能会像上次一样受到对方的伤害。我曾经几次给她介绍过男朋友，但都被她拒绝了。

看到她整天不开心，我跟她讲过很多道理。比如，你不能因为偶然在饭里吃到了苍蝇，从此以后就再也不吃饭了；你也不能因为一个不小心充错了话费，以后就再也不用手机了。这样的话，人生岂不是只要在某件事情上错过一次，就再也不敢碰触了吗？她反驳我：这些跟恋爱不是一回事。

我明白她内心深处的纠结，但确实无力再对她说更多，也就只好跟着沉默。时间一晃就 5 年过去了，她竟然真的再没恋爱，变成一个能干的大龄未婚女青年。唯一没变的，是她依然从内心抗拒找男朋友。一朝被蛇咬，十年怕井绳。她被过去不堪回首的爱情害了啊！

事实上，总是习惯纠结于过去的人，是在白白地浪费当下的美好人生。你会看着身边的人，一点一点变得进步，变得强大，变得让你望尘莫及，而自己却始终在原地踏步，一切都因为你的心魔犹在，你放不下过去的失败或者其他。而一个可以平心静气，与过去乃至过去不好的自己握手言欢的人，也真正值得拥有一个不错的未来。

同样是遭遇失恋，另外一个女同学王鸣却很坦然地“收起了悲伤”，不但让自己变得更加开朗，也从前男友身上总结到了不少恋爱经验。“就当花了一年时间跟他上了一课吧！”谈起曾经的恋情，王鸣很淡定地说。

王鸣的好心态，使她很快走出了失恋的阴影，赢得了一份美满的爱情——没过多久，一个优秀的小伙子对她发起了攻势。一年后，王鸣就结婚了，过上了如意的家庭生活。

日子都要往前看的，总是纠结在原地，那么你整个人也就只好一直在原地踏步了。没有进步的人生是可耻的，不懂得原谅自己的人，更何谈拥有原谅别人的胸襟。人无完人，其实每个人多多少少都有自己的一点不光明的地方，真的没必要太过纠结。

同样地，纠结过去的人通常也不会很自信，如果说他在工作上曾因为疏忽而犯下什么错误，那么当他始终纠结于这件事时，也不会在业绩上取得进步。人的精力总是有限的，一个人总有自己的精力和时间放在纠结过去这件事上，自然也就没有多少能力去管理自己的现在，乃至未来。而过去就永远是过去了，无论你怎么纠结，怎么悔恨，都是没办法再回头的了，所以既然改变不了，又为什么要花时间去纠结呢？真的没必要。

曾经我也因为过去不懂事而误会甚至失去了一些好朋友，也曾经为自己对别人造成的伤害而深感愧疚，每每到夜深人静时总是不能释怀，难过时就会掉眼泪。但现在我却想通了，或许说不定别人早从那些所谓的伤害中走了出来，开始过自己全新的人生。而我却浪费了太多的时间在回忆过去这件事上，以至于当下的人生，都没能够好好去把握。这真的是太得不偿失了。

一个懂得放下过去的人才是真正聪明的人。当你选择与过去握手言欢时，也就代表着你已经原谅当时那个莽撞、冲动的自己了，你不会再给自己布置难题，不再为难自己。你对人生在世所要经历的事情，也有了一定成熟度的理解，当你彻底明白这个道理时，也可以说明你是真正地成长了、成熟了。

做人一定要活在当下，而不能因为对过去或是将来的顾虑，严重影响到了眼前的生活品质。一个活在当下的人，才是最自由自在的，因为他用极少的付出，得到了最多的回报。

从现在开始，做一个不要纠结于过去的人，学着跟过去不愉快的一切握手言欢吧！别人早就开始愉快地生活了，所以你一定也可以的。热爱生命，享受当下，当你认真地过好现在时，未来自然就会笑着向你招手！

5. 你追求的爱情，不一定要门当户对

只要你情我愿，只要你人格高尚，对待爱情是真心实意的，就算不是世俗人眼中的门当户对，那两个人也是可以打破常规，非常愉快地走在一起的。

在我的朋友圈中，从来不乏大龄剩女。因为交流得多，我对她们的想法有一定了解。虽然不一定完全赞成大龄剩女的做法，但对她们当中某些人的爱情观还是比较认同的。其中最欣赏的一条是：追求恋爱中的两人是否心灵相通，而不去考虑彼此是否门当户对。

刘茜茜非常讲究生活品位，也是一个年过三十尚未成家的知性女。她平时开朗活泼，但一旦过春节，她就特别郁闷。去年过春节前期，我见过她一次，她跟我讲了她的苦闷。

“一不小心，我做了所谓的剩女。我倒不觉得有什么，但我的整个家族神经绷紧了。不为别的，就是操心我的人生

大事，给我找个条件相当的对象，将我早点嫁出去……”刘茜茜带着无奈的语气说，“我妈平时干任何事都不慌不忙，但听到谁家儿子还没结婚，尤其是年纪跟我差不多、家庭情况跟我家差不多的，就火急火燎地打电话催我回家去相亲。我烦了，不想回去。她就发动亲戚的力量，让所有亲戚轮流给我打电话劝说我。那一阵，我的电话都打爆了……”

“你妈，都是为你好！你就抽时间去相亲一下啊！反正，最终决定权在你手里！”我笑着劝慰她说，“你能遇到中意的就更好，遇不到中意的，相亲几次，你妈就不会催你了……”

“不管用的。她就给我安排了从长相到外貌等不同层次的N多个对象。我也顺从她的意思去见了几个。她老人家的一片苦心啊，真让我不知道怎么说好。这些人，不是长得惨不忍睹，就是看起来猥琐，再不就是跟我小一大截，看起来不成熟的。你说啊，我咋这样苦呢，遇到跟我年纪差不多的男人，要么名草有主，要么长得惨不忍睹，我还真找不出半点感觉出来……”刘茜茜见我那样劝慰她，又继续吐槽起来。

“不会吧？你妈怎么会安排你去跟你小一大截的人相亲？这有点出乎人意料哦！”我听到她那样说，忍不住打断了她的话。

“是啊，挺出人意料的。不过，在她眼里，这不出人意料。她让我去相亲的对象，都是家庭条件跟我家差不多的，她看了满意的。她门第观念很严重，总是告诉我一定要找个门当户对的。其实，我曾经找了个男朋友，带回家去给她看过，但她不满意，嫌那个人学历没我高，工资没我高，家庭条件也不如我家……”刘茜茜苦笑着解释说，“说实在的，出来这么多年，我遇到了不少人，还只对那个人有点感觉……”

“什么年代了，还门第观念！这件事，你应该坚持一下自己的意见啊！”

“是啊，我不在乎什么门第观念。但我妈她太强势了，对那个人态度不好，那个人本身也有点自卑，最终主动放弃了……”刘茜茜说到这里，语速有点慢了，“他不自信，经不起压力，要退出，我觉得，这么脆弱的男人，难以承担起责任的，因此就和他分手了！其实，我还是喜欢那个人的。我怕伤害我妈。我这么多年流浪在外，很少有时间好好陪着她。如果为了那件事跟她强顶，我怕她受不了，伤心……”

……

刘茜茜的遭遇无疑是新旧观念相互交织产生的结果。刘茜茜不愿意婚姻被安排，渴望寻找内心的爱情，而她妈则门第观念严重，将她的择偶对象锁定在能够了解的“家庭条件差不多的”范围内。于是，刘茜茜有感觉的“有主”，没感觉的“惨不忍睹”。

那次交流后，我常常会想：门当户对有错吗？爱情一定要找个门当户对的吗？每段爱情都有其自身的颜色与特质，并不是我们这些凡人所一眼就能看穿的。真正完美的爱情是“心灵上的门当户对”，即“对世界和生活认识层次上的对等”，不是表面上看起来经济条件和社会地位上的对等。

受到经济条件、职业、学识、性格、爱好、个人经历等方面的影响，每个人对世界和生活认识层次不一样，决定了他们“心灵上门当户对”的对象不一样，也决定了他们理想的恋爱对象甚至结婚对象不一样。每个人都想找可以心心相印、彼此托付终身的人。只要你情我愿，只要你人格高尚，对待爱情是真心实意的，就算不是世俗人眼中的门当户对，那两个人也是可以打破常规，非常愉快地走在一起的。

在现实生活中，社会地位、学历和经济条件上的“门当户对”都是一目了然的，但“心灵上的门当户对”却只有当事者感知得到。因此，在父母看来的门当户对，往往都是表面的，他们安排孩子相亲找到的对象，即使成功了，最终往往也是“生活合作人”，而不是真正心爱的人——那样的婚姻是建立在将就的基础上，而不是建立在爱情的基础上的。

人们之所以提倡恋爱结婚尤其是结婚要“门当户对”，无非是怕两个人在相处的过程中，会因为彼此成长环境不同，受到的教育不同，以及贫富差距所带来的人格上的分化，会直接作用在两个人相处或是生活的点点滴滴里。但是，如果两个人是真心相爱的，且都能够很好地包容对方，就算这些差异真的存在，结果又能怎么样呢！因为爱情，是一定要讲求奉献精神的，一个不懂得牺牲自己成全对方的人，就算你们的各方面条件在外人看来都十分匹敌，你们的爱情也不会走到最后的。说到底，爱情的本质还是要看两个人是否真心愿意结合，甚至能否为了对方而选择暂时的忽略或是牺牲自己。

因此，你都要很好地珍惜身边的爱人，能把每一个真实温柔的自己同最爱的人分享。爱情不一定都要门当户对，因为你是爱情里的唯一主角，所有的感受没有人比你更清楚，当你明白自己想要什么，并且恋爱时那种美好的感觉都在时，哪怕你们两人之间真的有些差距，也请不要放在心上，而是大胆去爱吧！

6. 你要相信自己的感觉，坚定自己的看法

一个人要学会对自己的人生负责，面对自己喜欢的职业、自己的理想对象，自始至终都要有自己的主见，做到百分之百地相信自己——这样才有资格拥有自己喜欢的未来。

在成长过程中，你总会遇到无数个对自己产生怀疑的时刻，总会感觉走着走着竟迷失了方向，会觉得前方一片渺茫，会对未来觉得不确定，甚至会在黑暗降临的那一刻选择用躲避的方式让自己远离一切可能发生的伤害——因为你突然变得不知所措，不知道究竟可以怎样去保护自己。

几乎每个人都会产生这样的错觉，尤其是在事情出现偏差时，就很容易产生疑问：我这样做真的对吗？我还应该坚持吗？有这种感觉是正常的。但是，你要明白，不到万不得已，千万别那么轻易就放弃。要相信自己的感觉，给自己鼓励；要坚定自己的看法，因为别人的看法，不一定会帮到你。

有句话说得很棒："我们每个人来到这个世界上，都不是为了被帮助的。"你所能做的呢？强者自然更强，强到一定程度，可以站在更高的地方，伸手帮助一些比自己弱小的人；而如果想要探究那些人究竟是怎样走上强者的位置，拥有强者的称号，有一点是可以肯定的——他们从来都是自信的，对自己所选择的路，也是能够一如既往地、坚定扎实地走下去的。而那些跟随别人的看法、观点人云亦云的人，最终大多变成平庸的人。

记得当初马云刚开始创办阿里巴巴时，也曾有人望着他的背影表示不屑，但是今天的马云却用自己的实力证明了，不是他的选择有偏差，而是其他人的眼光不地道。

有一句话，今天你对我爱答不理，明天我让你高攀不起。并不是我们每一个人非要做得像马云一样，但我们需要学他那样坚信自己的看法和主张。因为，一个人格完全的人，完全有理由按照自己的想法，开创自己的人生。

可是，不知道这个世界从何时起开始变得浮躁，人们在过日子时也总是习惯变得小心翼翼，年少的时光原本就非常有限，更何况大多数人担心它一去不复返，而自己将其白白地浪费掉。于是，很多人在择校、择业甚至是选择结婚对象时，总是喜欢问询和参考别人的意见，因为觉得这样他们心里能有个谱，能放下心，至少知道我这么做，背后是有一些人或者一些所谓的理论在支撑，好像别人真的能为他自己的人生承担任何的风险一样。

事实上，在作决定时，你这样做是非常错误的。因为在你选择时，最在乎什么，最需要什么，只有你自己知道，你的未来也只有你自己能创造。别人的意见或许有道理，但那毕竟是别人的看法，毕竟是站在别人的角度上考虑的，不能完全代表你。

还有一点，是人们容易忽略的。那就是，那些给出意见的人，本身因为这件事不是关乎自身的，在给意见时，也不会经过太多或者太深入的思考，更不会真正结合你的实际情况去思考。由此，所谓的给你的意见也不过是他们闲着时对你的事情进行的一点趣味性的捕捉罢了。你真的这么放心将自己至关重要的一切全部都抵押在别人的打算里吗？

路都是走出来的，而并非靠想象描绘出来的。车到山前必有路，只不过是一句带有安慰性和鼓励性的话。很多事情，也许刚开始时你并没什么头绪，但你也不必过多担心，大胆尝试着去做，做着做着你就会在实践中找到比较合适的方法和感觉的。

每个人都是独一无二的自己，都是不可替代的个体。每个人都要学会对自己的人生负责，都要自己的决定自己做，都要相信自己的能力，相信自己作出的决定。面对自己喜欢的职业，自己的理想对象，我们自始至终都要有自己的主见，做到百分之百地相信自己——这样才有资格拥有自己喜欢的未来。退一步讲，哪怕你拼到最后付出了所有却仍旧什么都没能得到，你也是有所收获的，因为至少你是按照自己的意愿活着的，而不是变成别人口中的傀儡，只支撑着一个毫无生机的躯壳，茫然地度过了自己的青春岁月。

7. 世界上有真情，你不能相信世界有永远的“敌人”

只要你肯用心，用真情去感化、去珍惜，我相信，这个世界上就不会存在永远的敌人。多个朋友多条路，愿我们每个人都能通过付出自己的真情，去结交和认识许许多多的真心朋友！

在生活中，当你学着用真情去感化一个人时，或许这个人会被你的真诚打动，也或者他不会。他会，你就多一个朋友；他不会，你就需要继续为他付出，争取早日将他打动。你要相信，这个残酷的世界里仍然有真情的存在，不要相信世界里有永远的敌人。

我曾经看过一部叫《美人心计》的电视剧，被雪鸢和窦漪房两个好姐妹之间的真情所打动。最初，雪鸢是一个冷血的宫女。她眼里只有皇族布置的任务。就算身边有人对她好，在她看来也是别有居心。直到窦漪房出现，直到窦漪房拿着换洗的衣服送给她，跟她说那些发自内心的话："难道一个人对另一个人好就一定要出于什么目的吗？难道就不能出于真情吗？"最终，因为这几句发自肺腑的真心话，窦漪房彻底地打动了雪鸢，让雪鸢甘愿成为她的心腹。雪鸢为了避免别人伤害窦漪房，选择为她而死。

这虽然是电视剧剧情，但它是来自现实。因为这个世界上还是有真情的，不管我们眼前的世界有多么残酷。

在平时，我们无论感叹这个世界多冷酷，但在关键时刻，人间的真情就会迸发出来。例如，2008 年汶川大地震时，很多来自全国各地的朋友，甚至变卖了自己的家产赶去救助，也有很多人至今仍在灾区，贡献着自己的一分力量。这毫无疑问是人间真情在大灾难面前的一次迸发。

人是有感情的动物。人与人之间是冷漠的，还是温暖的，每个人都会特别敏感。生活在这个快节奏的社会，我们感觉到人与人之间的竞争和冷漠是非常正常的，但并不因为这些，人间的真情就不存在。而事实上，在注重真情的人的世界里只有真情，没有敌人，即使有一时的敌人，他们也会用真情融化仇恨。

这个世界上没有永恒的敌人。在商界来说，也许上一次我们彼此是敌人，只是因为利益不同，而当我们拥有共同的利益时，也可以成为很好的战略同盟。“化敌为友”的故事，会经常出现在很多武侠名著之中。那些义薄云天的英雄们，常常是不打不相识，几碗酒下肚就可以做一辈子的生死知己。或者还有那些在爱情里，为了彼此而牺牲自己的人。

既然没有永恒的朋友，也就没有永恒的仇恨。恨，花费了许多时间去令自己不开心，也无法让别人获得应有的快慰。因此，无论恨什么人都是不值当的。

既然恨不值当，那么你唯有去爱，去爱你身边的人，用爱感化你不喜欢的人甚至你恨的人。人心都是肉长的，奇迹总会发生的，只有你用真情去感化，最终一定能打动他人。

有这样一个爱情故事：

女孩小安明知道男友小明很花心，甚至经常在网上装成一个可怜人去骗取别的女孩的生活费。她很多朋友都劝她放弃小明，重新再寻找一份感情。但是，小安坚决不肯。

原来，小明本身并不是坏心肠的人。只是他父亲在去年不幸罹患重病，而他家里支付不起他父亲高额的医药费。他这些年来一直坚持在外地打工。父亲治病一天就需要花掉上千元。他打工的工资远远不够。实在没有办法，小明才出此下策，才想出了在网上骗取他人的钱财。

小安是清楚这些事情的。她选择继续帮助男友：一边认真打工帮他一起承担他父亲治病的钱，一边用真情去感化他，劝他走正道，不要偷鸡摸狗。

果然，小安的真情终于感化了小明。小明幡然醒悟，主动去附近的派出所投案自首。相关人员考虑到他涉嫌诈骗的金额不是很大，并且又是自主投案，因此只关了 3 个月就还了他自由。

出狱以后的小明果然开始很用心地挣钱。后来，很多公益组织得知了小明父亲的事情，都赶来倾囊相助。而小安与小明不仅解决了眼前的困难，也如愿以偿地在一起了。

当你用一片真情去对待这个世界时，世界也将回你一片深情。相信这个世界是有真情的，也能帮助一个人保持自己纯真善良的本性。能让自己的眼光变得开阔，更乐于去接受一些自己认识以外的事情。

在电影《人在囧途》里，当李成功和牛耿以为他们遇到一个女骗子时，在第二次相遇跟着她来到一片破旧的小屋前，才终于知道了事情的真相：她是一个教孩子们画画的老师，在她男朋友不幸去世之后，因为放心不下身边那些可爱的孩子，而坚持一个人赚钱养育他们。可是其中一个小女孩因为眼睛受到伤害，急需手术，所以才有了那次他们认为的“街头行骗”，是的，就在连憨厚的牛耿都在怀疑他们可能上当受骗时，这个女人用铁一般的事实告诉他们，这一切都是真的。

这一个真实而显得有些凄惨的场景，不正说明这个世界不管怎样变化，终究还是有真情存在的吗。而李成功和牛耿的质疑，又何尝不是站在观众的立场上提出了一些质疑。确实，在我第一次看时，我也很怀疑这个女人是不是个骗子。

只要你肯用心，用真情去感化、去珍惜，我相信，这个世界上就不会存在永远的敌人。多个朋友多条路，愿我们每个人，都能通过付出自己的真情，去结交和认识许许多多的真心朋友！

8. 与优秀的人为伍，你没必要去看懦弱的人哭

不去看懦弱的人哭，是因为即便那种哭是痛彻心扉的，让那人真正地做到改变自己，也不是一件特别容易的事。所谓“可怜之人必有可恨之处”，我坚信他的劣习不改的话，还将影响到他获得下一次成功。而选择跟优秀的人在一起，你总能看到他们身上所散发的正能量。

在追求梦想的道路上，多结交几个优秀的人，你会在潜移默化中从他们的身上学到他们的长处，不管是对一个问题的不同角度的看法，或者是对一件事的高效执行力等。因为优秀的人，身上自然都有很多的闪光点。你要想方设法去接近这些优秀的人，而不去靠近那些懦弱的人——只有这样，你才能在短时间内获得更多的进步。

大约在七八年前，一个非常要好的男同事，总是喜欢把自己打扮得很时尚。他和我一样，喜欢文学，都渴望将来某

天能出版一本我们自己亲手写的文艺类书。

说起来也是一场巧合，有一天，我正好接到一个编辑外派的选题，是我一直以来梦寐以求的那种。当时，我工作比较忙，写作功力也不太成熟，而出版方催促得急，便想找个人合作写稿。于是，我想到了那个男同事。

当我把这个好消息告诉他并且邀请他跟我一起创作时，如我所料，他很痛快地答应了。但是，让我没想到的事情发生了：到两个月之后的交稿期限，我的那部分稿子写完并修改了两次，而他的那部分稿子才刚刚开始动笔，草稿都没写完一半。

得到消息的那一瞬间，我很愤怒：以前，我也听别的同事说过他有很严重的拖延症，但我没想到竟然是真的……由于不能按时交稿，这次很好的出版机会被搅黄了。

从那之后，我们就再也不说话。后来，我辞职离开那家公司，第一件紧要的事就是把他从我的联系人名单里彻底删除掉。我无法忍受和这样自甘堕落的人交朋友，不愿意因为那种人的负能量影响到我的工作和生活。

客观地说，那次他也埋怨因为自己的过失导致我们丧失了一次很好的机会，也很懊悔。而别的同事也曾悄悄告诉过我他很懊悔，说他因为出版不能进行而偷偷躲在单位的厕所里哭了一个下午，还不停说对不起我。对不起我，那就当最后一次了，我不会再给他任何对不起我的机会了。因为我知道，是他对自己的放纵，甚至是自身的懦弱，造成了今天的悲剧，连累了我，更连累了他自己。

我如此做，不是我不近人情，不是我不够包容。因为我不愿意去看懦弱的人哭，不愿意从那种不上进的人身上染上负能量。不去看懦弱的人哭，是因为即便那种哭是痛彻心扉的，让那人真正地做到改变自己，也不是一件特别容易的事。所谓“可怜之人必有可恨之处”，我坚信他的劣习不改的话，还将影响到他获得下一次成功。而选择跟优秀的人在一起，你总能看到他们身上所散发的正能量。

比如，有些人对梦想的坚持，使你在感觉身心疲惫想要放弃一件事时，也开始学着鼓励自己；比如一个人对爱情的忠贞，使你觉得做一个对爱情诚实的人非常重要，因为只有这样才有可能获得一份最好的爱情。

如何才能结交到真正优秀的人呢？最基本的，就是你自己也成为一个优秀的人，或者有将来成为优秀人的潜质。

让自己成为优秀的人或者具有优秀潜质的人，那你就充分发挥自己的特长吧！利用自己的特长去结交有相关特长的优秀人物，是最直接有效的办法。每个人都有自己的特长，你也一样有。至于从何处入手，你可以上一些生活类的网，在上面有技能交换板块，你可以找到对你的成长和发展有益的人。

与优秀的人为伍，不去看懦弱的人哭，这不仅适用于工作和生活，更适用于恋爱中。在找对象时，你选择一个比自己优秀很多的人或者在某一方面比自己优秀的人在一起，是可以帮助你扩大视野的。例如，跟着喜欢旅行的人到处走，你也终于见到了祖国无比美丽的大好河山；选择一个懂手工的人在一起，你也能明白做手工的乐趣；选择一个厨艺精湛的人，你每天都能享受美食……

总而言之，在追求梦想的道路上，为了你的将来更好，你必须要寻找优秀的人为伍，而不要去看懦弱的人哭。